U0612611

全国农作物病虫害防控
植保贡献率评价报告

（2023）

全国农业技术推广服务中心
国家农业技术集成创新中心　主编

中国农业出版社
北京

图书在版编目（CIP）数据

全国农作物病虫害防控植保贡献率评价报告.2023 /
全国农业技术推广服务中心，国家农业技术集成创新中心
主编. -- 北京 : 中国农业出版社，2025.1. -- ISBN
978-7-109-33056-6

Ⅰ. S435

中国国家版本馆 CIP 数据核字第 2025DC6691 号

中国农业出版社出版

地址：北京市朝阳区麦子店街 18 号楼
邮编：100125
责任编辑：阎莎莎　杨彦君　　文字编辑：常　静
版式设计：王　晨　　责任校对：赵　硕
印刷：中农印务有限公司
版次：2025 年 1 月第 1 版
印次：2025 年 1 月北京第 1 次印刷
发行：新华书店北京发行所
开本：880mm×1230mm　1/16
印张：3.75
字数：75 千字
定价：45.00 元

版权所有·侵权必究

凡购买本社图书，如有印装质量问题，我社负责调换。

服务电话：010 - 59195115　010 - 59194918

QUANGUO NONGZUOWU BINGCHONGHAI FANGKONG
ZHIBAO GONGXIANLÜ PINGJIA BAOGAO (2023)

《全国农作物病虫害防控植保贡献率评价报告（2023）》

编 撰 委 员 会

主　　任　　魏启文
副 主 任　　王福祥

主　　编　　刘万才　　刘　慧
副 主 编　　李　萍　　朱晓明　　卓富彦　　李　跃　　郭永旺
编著人员（按姓氏笔画排序）

王　琳	王帅宇	王亚红	牛小慧	石　珊
朱　凤	朱秀秀	朱晓明	刘　慧	刘万才
孙作文	李　娜	李　萍	李　跃	李　鹏
邱　坤	张　丹	张小利	陈立玲	范婧芳
林　锌	卓富彦	罗　嵘	郑卫锋	胡　韬
姚晓明	徐　翔	徐永伟	郭永旺	曹申文
商明清	彭　红	喻枢伟	谢义灵	褚姝频

前言

　　2024 年 6 月 1 日起施行的《中华人民共和国粮食安全保障法》明确规定："……加强粮食作物病虫害防治和植物检疫工作。国家鼓励和支持开展粮食作物病虫害绿色防控和统防统治。"这表明我国从法律层面明确了开展病虫害防控是粮食生产中防灾减灾的必要措施。农业农村部高度重视病虫害防控工作，近年来，每年组织全国农业农村部门和植保体系大力开展"虫口夺粮"保丰收行动，有效控制了重大病虫危害的发生，降低了危害损失率，为粮食稳产增收作出了重要贡献。

　　为科学评估农作物病虫害防控对稳粮保供的贡献，2022 年起，全国农业技术推广服务中心组织全国植保体系开展农作物病虫害防控植保贡献率评价工作，经测产和加权计算，2022 年全国三大粮食作物病虫害（不包括草害和鼠害）防控植保贡献率为 20.19%。病虫害每年发生情况不尽相同，病虫害防控成效每年也各有差异。为准确反映年度间全国农作物病虫害防控成效，2023 年，全国农业技术推广服务中心继续组织全国植保体系开展农作物病虫害防控植保贡献率评价工作，并增加了不防病虫区作为对照处理，以更科学、更完整体现植保措施对农作物的稳产增收作用。

　　2023 年，全国 20 个省（自治区、直辖市）146 个县（市、区）完成了病虫害防控植保贡献率评价试验工作。经测算，全国三大粮食作物病虫害防控植保贡献率为 30.59%，全国蔬菜病虫害防控植保贡献率为 35.71%，全国主要果树病虫害防控植保贡献率为 42.04%。全国植保体系用翔实的数据充分表明，加强病虫害防控是守护好"粮袋子""菜篮子""果盘子"的重要举措。

　　由于时间仓促和编者水平所限，书中难免存在疏漏与不足之处，敬请广大读者和同行批评指正。

编　者

2024 年 11 月

CONTENTS

目　录

第一章 2023年全国三大粮食作物病虫害防控植保贡献率评价报告

近年来，受到复种指数提高、耕作制度变化和气候异常等因素影响，我国农作物病虫害发生率居高不下，成灾概率增加，对保障国家粮食安全构成严重威胁。为贯彻落实党中央、国务院要求部署，农业农村部组织全国农业农村部门开展"虫口夺粮"保丰收行动，为实现农业稳产增收作出了重要贡献。根据种植业管理司安排，在2020—2022年工作探索和试点总结的基础上，我中心制定印发了《农作物病虫害防控植保贡献率评价办法》，并继续在全国范围内组织植保体系开展农作物病虫害防控成效与植保贡献率评价工作。经科学评估，2023年全国小麦、水稻、玉米三大粮食作物病虫草害防控植保贡献率为30.59%，小麦、水稻、玉米分别为27.58%、40.58%和25.66%。据此测算，挽回小麦、水稻、玉米产量损失分别为3 767.15万吨、8 383.95万吨、7 411.69万吨，合计挽回三大粮食作物1.96亿吨。现报告如下：

一、评价方法

(一) 评价任务分工

根据评价工作需要，在全国选择技术力量强、有代表性的区域承担全国农作物病虫害防控植保贡献率评价工作。每种作物选择主要种植省份，每省安排5～10个县（市、区）开展评价试验工作，同时积极鼓励各地开展评价工作，各主要农作物防控植保贡献率评价任务承担省份如表1-1所示。

表1-1 2023年全国农作物病虫害防控植保贡献率评价任务承担地点

作物名称	省份	县（市、区）
小麦	河北	鹿泉、正定、栾城、博野
	河南	清丰、南乐、获嘉、延津、伊川、兰考、淮阳、郸城、项城、平舆

（续）

作物名称	省份	县（市、区）
小麦	山东	章丘、岱岳、梁山、阳谷、鄄城
	安徽	凤台、埇桥、怀远
水稻	黑龙江	方正、泰来、桦南、绥棱、饶河、鸡东
	江苏	大丰、通州、太仓、靖江、睢宁、宜兴
	浙江	衢江、江山、瑞安
	安徽	宿松、南谯、凤台、无为、池州
	江西	丰城、余干、泰和、瑞昌、临川、安远
	湖南	浏阳、祁东、攸县、邵东、岳阳、安乡、赫山、安仁、宁远、双峰、衡阳、湘潭、武冈、平江、慈利、新晃、辰溪、花垣
	广西	兴宾、苍梧、全州、钦南、上林
	四川	崇州、合江、岳池、营山、平昌
	重庆	秀山、南川、綦江、江津、永川、垫江
玉米	河北	永年、河间、黄骅、固安、万全
	吉林	蛟河、辉南、敦化、抚松、洮南、东丰、榆树
	安徽	固镇、蒙城、明光、萧县
	河南	平舆、长葛、郾城、博爱、济源、渑池、夏邑、清丰、兰考、荥阳、唐河
	四川	高县、开江、南部
	云南	隆阳、富民
	陕西	高陵、阎良、岐山、陈仓、麟游、兴平、礼泉、临渭、蒲城、宜君、榆阳、横山、韩城

（二）试验处理安排

所有承担评价任务的省份，选择不同作物有代表性的主产县作为试验单位，每个县（市、区）在设置完全不防治对照处理的基础上，统一设置严格防治、统防统治、农户自防共4个处理。其中，完全不防治对照处理1亩[①]，不设重复；其他3个处理，每个处理134～200米²，重复3次。不同处理因防治力度和病虫基数等原因，形成不同的病虫害发生梯度。在作物收获期，通过实打实收测量不同防控处理情况下的产量，判断不同防治情况下病虫害造成的损失和防治挽回损失，为加权平均计算防控植保贡献率收集基础数据。

[①]亩，非法定计量单位，1亩＝1/15公顷。——编者注

(三) 危害损失率测算方法

本试验设定，在严格防控情况下，病虫害造成的损失最轻，按理论产量计；完全不防治情况下，病虫害造成的损失最大；不同防控力度下造成的危害损失居于中间。通过测算病虫害造成的最大损失率和不同防治力度的实际损失率，进而确定病虫害不同发生程度的危害损失率。其计算方法见公式1-1至公式1-3。

$$最大损失率 = \frac{(严格防治处理单产 - 完全不防治处理的单产)}{严格防治处理单产} \times 100\% \qquad (1-1)$$

$$实际损失率 = \frac{(严格防治处理单产 - 不同防治力度处理单产)}{严格防治处理单产} \times 100\% \qquad (1-2)$$

$$挽回损失率 = \frac{(不同防治力度处理单产 - 完全不防治处理单产)}{严格防治处理单产} \times 100\% \qquad (1-3)$$

(四) 植保贡献率计算方法

(1) 不同防治水平植物保护贡献率的测算。 完全不防治情况下的产量损失率减去防控条件下的产量损失率，即为不同处理植保贡献率。其计算方法见公式1-4、公式1-5。

$$植保贡献率（\%） = \frac{完全不防治处理}{产量损失率} - \frac{实际防治处理}{产量损失率} \qquad (1-4)$$

不同防治水平植物保护贡献率还可以用公式1-5计算：

$$植保贡献率 = \frac{(不同防治处理单产 - 完全不防治处理单产)}{严格防治处理单产} \times 100\% \qquad (1-5)$$

(2) 调查明确不同防治类型病虫害发生程度及面积占比。 开展植保贡献率测算，首先要调查明确所辖区域内病虫害的发生与防治类型分布情况，明确所辖区域内病虫害的发生面积大小。本试验以严格防治区、统防统治区、农户自防区为代表类型，统计其面积占比，为加权平均测算病虫害造成的产量损失率和防控植保贡献率做好准备。

(五) 不同地域范围植保贡献率测算方法

分别计算县级、市级、省级和全国的植保贡献率。本试验具体测算办法如下：

（1）**县域范围的植保贡献率测算**。根据不同生态区病虫害发生程度、分布状况和防治情况调查数据，结合代表区域植保贡献率测算结果，采用加权平均的办法测算县域植保贡献率。其计算方法见公式 1-6。

$$县域植保贡献率 = \sum \left[\frac{\left(不同防治力度处理单产 - 完全不防治处理单产 \right)}{严格防治处理单产} \times 不同发生程度面积占种植面积的比例 \right] \times 100\% \quad (1-6)$$

（2）**市（地）级范围的植保贡献率测算**。参考县域范围的植保贡献率的测算方法进行，也可依据所辖各县的植保贡献率结果，加权平均测算。

（3）**省域范围的植保贡献率测算**。采用各县的贡献率结果加权平均计算，也可以在县域测算结果的基础上，选择有代表性的 5～10 个县，直接用加权平均的办法测算省域植保贡献率。其计算方法见公式 1-7。

$$省域植保贡献率 = \sum \left(县域植保贡献率 \times 该县种植面积占统计总种植面积的比例 \right) \times 100\% \quad (1-7)$$

（4）**全国（某作物）植保贡献率的测算方法**。采用各省的贡献率结果加权平均计算，也可以选择有代表性的重点省份，用加权平均的办法测算全国的植保贡献率。其计算方法见公式 1-8。

$$某作物全国植保贡献率 = \sum \left(省域植保贡献率 \times 该省种植面积占统计总种植面积的比例 \right) \times 100\% \quad (1-8)$$

（5）**全国农作物病虫害防控总体植保贡献率的测算方法**。采用相关主要作物的全国植保贡献率测算结果与各作物种植面积占全国农作物（如粮食）总面积的比例，加权平均进行计算。其计算方法见公式 1-9。

$$全国总体植保贡献率 = \sum \left(某作物全国植保贡献率 \times 该作物全国种植面积占全国农作物总面积的比例 \right) \times 100\% \quad (1-9)$$

二、评价结果

（一）全国小麦病虫害防控植保贡献率评价结果

河南、山东、河北和安徽 4 个小麦主产省份和重点基层县（市、区）开展了小麦病虫草害防控植保贡献率评价试验和数据采集工作。经科学试验和测算，2023年度全国小麦病虫害防控植保贡献率为27.58%（表1-2）。同时，经对4省评价数据进行分析可见，严格防控和统防统治情况下，植保贡献率分别比农户自防高10.04个和5.85个百分点，表明大力推进病虫害综合防控和统防统治，植保减灾仍有较大潜力可挖（表1-2）。

表1-2　2023年全国小麦病虫害防控植保贡献率评价试验结果

省份	严格防治区		统防统治区		农户自防区		植保贡献率（%）	全国植保贡献率（%）
	挽回损失率（%）	面积占比（%）	挽回损失率（%）	面积占比（%）	挽回损失率（%）	面积占比（%）		
河南	31.76	7.21	29.05	55.70	22.99	36.70	26.93	
山东	35.28	4.71	30.03	55.38	24.04	39.91	27.88	
河北	33.62	8.30	30.39	66.77	24.25	24.93	29.13	
安徽	32.65	10.00	27.10	82.30	21.90	7.70	27.25	
平均	33.33	—	29.14	—	23.29	—	27.80	27.58

（二）全国水稻病虫害防控植保贡献率评价结果

黑龙江、江苏、浙江、安徽、江西、湖南、广西、重庆和四川9省（自治区、直辖市）植保体系植保植检站选择有代表性的水稻主产县，开展水稻病虫害防控植保贡献率评价试验和数据采集工作。经科学试验和测算，2023年全国水稻病虫害防控植保贡献率为40.58%，在完全不防治病虫害的情况下，造成的损失一般超过40%，严格防控情况和统防统治条件下，植保贡献率分别比农户自防高11.48个和5.99个百分点（表1-3）。

表1-3　2023年全国水稻病虫害防控植保贡献率评价试验结果

省份	严格防治区		统防统治区		农户自防区		植保贡献率（%）	全国植保贡献率（%）
	挽回损失率（%）	面积占比（%）	挽回损失率（%）	面积占比（%）	挽回损失率（%）	面积占比（%）		
黑龙江	43.80	11.23	43.31	51.59	37.68	37.15	41.32	
江苏	47.53	12.54	42.76	61.18	39.51	24.84	42.11	
浙江	37.90	3.00	34.55	58.00	23.89	38.00	30.38	
安徽	72.52	17.56	67.59	57.63	62.66	23.51	66.99	
江西	42.05	2.57	39.31	64.40	35.27	33.03	38.05	
湖南	49.71	2.17	43.25	52.13	34.77	45.70	39.51	

（续）

省份	严格防治区		统防统治区		农户自防区		植保贡献率（%）	全国植保贡献率（%）
	挽回损失率（%）	面积占比（%）	挽回损失率（%）	面积占比（%）	挽回损失率（%）	面积占比（%）		
广西	30.52	9.80	27.78	36.96	20.26	52.67	23.96	
重庆	44.24	10.00	34.18	50.00	27.60	40.00	32.55	
四川	45.00	4.20	31.13	59.70	28.30	35.50	30.53	
平均	45.92	—	40.43	—	34.44		38.38	40.58

（三）全国玉米病虫害防控植保贡献率评价结果

河北、吉林、安徽、河南、四川、云南和陕西 7 省植保植检站选择有代表性的玉米主产县（市、区）开展玉米病虫害防控植保贡献率评价试验和数据采集工作。经科学试验和测算，2023 年全国玉米病虫害防控植保贡献率为 25.66%。统计结果表明，严格防控和统防统治情况下，防控植保贡献率分别比农户自防高 11.96 个和 6.18 个百分点（表 1-4）。

表 1-4　2023 年全国玉米病虫害防控植保贡献率评价试验结果

省份	严格防治区		统防统治区		农户自防区		植保贡献率（%）	全国植保贡献率（%）
	挽回损失率（%）	面积占比（%）	挽回损失率（%）	面积占比（%）	挽回损失率（%）	面积占比（%）		
河北	35.04	13.88	30.07	74.42	24.37	11.69	30.10	
吉林	26.96	14.27	24.18	32.76	23.13	51.64	23.87	
安徽	35.77	9.10	29.64	40.90	23.48	49.10	26.97	
河南	37.07	6.71	31.02	52.15	21.48	41.14	27.50	
四川	33.44	7.70	30.70	50.90	25.98	38.00	28.40	
云南	34.82	0.20	23.26	40.14	17.03	56.20	19.41	
陕西	28.03	24.76	21.81	37.76	11.94	35.47	19.89	
平均	33.02	—	27.24	—	21.06	—	25.16	25.66

（四）2023年全国农作物病虫害防控总的植保贡献率评价结果

依据全国小麦、水稻、玉米病虫害防控植保贡献率评价结果和三大粮食作物面积占比，加权平均计算 2023 年全国农作物病虫害防控总的植保贡献率。依据测得的小麦、水稻、玉米病虫害防控的植保贡献率分别为 27.58%、40.58% 和 25.66%。其播种面积分别占三大粮食作物总面积的比例分别为 24.41％、29.91％和45.69％，根据公式（1－9），加权平均计算得，2023 年全国三大粮食作物病虫害防控总的植保贡献率为 30.59％。通过加强病虫害防控，共挽回小麦、水稻、玉米损失分别为 3 767.15 万吨、8 383.95 万吨和 7 411.69万吨，三大作物共挽回损失 1.96 亿吨（表 1－5）。

表 1－5　2023 年全国农作物病虫害防控植保贡献率评价试验结果

作物名称	某作物贡献率（％）	严格防治贡献率（％）	统防统治贡献率（％）	农户自防贡献率（％）	某作物产量（万吨）	挽回产量（万吨）	某作物播种面积（万公顷）	某作物面积占比（％）	总体植保贡献率（％）
小麦	27.58	33.33	29.14	23.29	13 659.00	3 767.15	2 362.72	24.41	
水稻	40.58	45.92	40.43	34.44	20 660.30	8 383.95	2 894.91	29.91	
玉米	25.66	33.02	27.24	21.06	28 884.20	7 411.69	4 421.89	45.69	
平均	31.27	36.95	32.26	26.34					30.59
合计	—	—	—	—	63 203.50	19 562.79	9 679.52	100.00	

三、结论和讨论

（一）结论

（1）明确2023年全国三大粮食作物病虫害防控的总体植保贡献率为30.59％。经河南、山东等15省（自治区、直辖市）植保体系组织开展田间试验测定，小麦、水稻、玉米三大粮食作物病虫害防控的总体植保贡献率为 30.59％，其中，小麦、水稻、玉米分别为 27.58％、40.58％和 25.66％。据此测算，共挽回小麦、水稻、玉米产量损失分别为 3 767.15万吨、8 383.95 万吨、7 411.69 万吨，合计挽回三大粮食作物 1.96 亿吨。

（2）"虫口夺粮"保丰收行动成效显著。经对各省评价数据综合分析，小麦病虫害在严格防控情况和统防统治条件下，植保贡献率分别比农户自防高 10.04 个和 5.85 个百分点。水稻病虫害在严格防控情况和统防统治条件下，植保贡献率分别比农户自防高 11.48 个和 5.99 个百分点。玉米病虫害在严格防控和统防统治情况下，植保贡献率分别比农户自防高 11.96 个和 6.18 个百分点。充分表明，加强病虫害防控技术指导，推进统防统治，"虫口夺粮"保丰收行动成效显著，进一步加大农作物病虫害防控力度，农作物病虫害防控减损增产仍有巨大潜力。

（3）草害在农田中危害较重。各地评价试验结果表明，通过设置完全不防治病虫害、完全不防治病虫草害 2 个处理可以看出，河南、山东、河北和安徽 4 省麦田中杂草危害损失率分别为 5.66%、5.36%、9.33%和 10.61%，平均 7.74%。黑龙江、江苏、浙江、安徽、江西、湖南、广西、重庆和四川 9 省（自治区、直辖市）水稻田中的杂草危害损失率分别为 24.04%、14.65%、12.05%、44.19%、13.08%、10.31%、5.48%、5.10%和0.64%，平均 14.39%。河北、吉林、河南、安徽、四川和云南 6 省玉米田中杂草危害损失率分别为 8.99%、12.14%、4.61%、7.39%、19.67%和 12.53%，平均为 10.89%（表 1-6）。

表 1-6　各地杂草危害损失率

作物	地区	杂草危害损失率（%）	平均危害损失率（%）
小麦	河南	5.66	7.74
	山东	5.36	
	河北	9.33	
	安徽	10.61	
水稻	黑龙江	24.04	14.39
	江苏	14.65	
	浙江	12.05	
	安徽	44.19	
	江西	13.08	
	湖南	10.31	
	广西	5.48	
	重庆	5.10	
	四川	0.64	
玉米	河北	8.99	10.89
	吉林	12.14	
	河南	4.61	
	安徽	7.39	
	四川	19.67	
	云南	12.53	

（二）讨论

（1）**2023年度植保贡献率数据更科学**。2023 年，设置了完全不防治病虫害和完全不防治病虫草害两个处理，尤其是在试验安排环节，要求各地从播种前的种子处理阶段开始，贯穿作物整个生育期的全程病虫草害防控，相比 2022 年，试验方案更科学完善，植保贡献率数据更科学。

（2）各地草害危害程度不一。从作物来看，通过对比完全不防治病虫害和完全不防治病虫草害两个处理可以看出，杂草对水稻的危害最重，其次是玉米和小麦。尤其是安徽，安徽稻田杂草危害损失率高达 44.19％，而小麦和玉米田的杂草危害损失率分别为 10.61％和 7.39％，分析认为，这和安徽水稻耕作制度和栽培方式有关，耕作制度上，安徽大部分地区为稻茬麦，在栽培方式上，直播栽培方式占比较大，因此稻田草害较重。河北、河南等黄淮海地区杂草危害相对东北和南方地区较轻，同一区域内，杂草对小麦和玉米危害程度接近。

（3）评价方法有待进一步完善。本次评价试验要求从播种开始就着手安排试验，避免因试验安排偏晚造成部分内容难以落实的问题，以保证测试结果的客观性。但是生产实际中会存在多种情况，导致难以落实。比如水稻集中育秧时，会对秧苗开展病虫草害防治，因此空白对照区和试验处理区移栽的秧苗均经过防治处理，不是严格意义的完全不防治处理。评价试验结果和各地选点有很大关系，和 2022 年相比，安徽、重庆、陕西等地开展了水稻、玉米植保贡献率评价，黑龙江、江西、湖南、四川等地选点也发生变化，由于各地病虫发生种类和危害程度不一，贡献率结果也相应变化。此外，考虑到产量损失赔偿等多种因素，对照区面积较小，且一般离其他各处理区较近，因此其他各处理区在进行病虫草害防治作业时很可能会影响到空白对照区，导致结果出现一定的偏差。

完成人　刘慧、刘万才、朱晓明、卓富彦、李跃、李萍

第二章 2023 年全国小麦病虫害防控植保贡献率评价报告

2023 年全国小麦病虫草害的发生呈重发态势，严重威胁小麦生产安全和国家粮食安全。党中央、国务院高度重视，把防控小麦重大病虫害作为夺取夏粮丰收的大事要事来抓，全国各级农业农村部门及时动员部署，压实防控责任，全力打好病虫防控攻坚战，有效遏制了小麦赤霉病、条锈病、蚜虫等重大病虫害大面积重发危害，实现了"虫口夺粮"保丰收目标。为客观分析农作物病虫害防控取得的成效，全国农业技术推广服务中心在 2020—2022 年试点探索和总结以往研究工作的基础上，2023 年正式制定《农作物病虫害防控植保贡献率评价办法》，组织河北、山东、安徽和河南 4 省植保体系开展了小麦病虫害防控植保贡献率评价工作。现将有关结果报告如下：

一、评价方法

为加强小麦病虫害防控成效与植保贡献率评价，全国农业技术推广服务中心于 2022 年秋播前就印发了关于开展 2022—2023 年小麦病虫害防控植保贡献率评价工作的通知（农技植保函〔2022〕365 号），明确了试验承担省份、工作要求、试验处理、数据采集和统计分析方法，为客观分析评价小麦病虫害防控植保贡献率奠定了较好基础。

（一）评价承担地

根据评价工作需要，在全国选择有代表性的河南、山东、河北和安徽 4 个小麦主产省份的重点基层县（市、区）承担全国小麦病虫害防控植保贡献率评价工作。原则上每省根据代表性安排 5～10 个县（市、区）开展评价试验工作，见表 2-1。

表2-1 2023年全国小麦病虫害防控植保贡献率评价任务承担站点

省份	承担任务县（市、区）名称
河南	清丰、南乐、获嘉、延津、伊川、兰考、淮阳、郸城、项城、平舆
山东	章丘、岱岳、梁山、阳谷、鄄城
河北	鹿泉、正定、栾城、博野
安徽	凤台、埇桥、怀远

（二）危害损失率测算

根据全国农业技术推广服务中心制定的评价办法，河北、山东、河南和安徽4省植保植检站选择有代表性的小麦主产县，通过田间小区试验，在设置完全不防治对照处理的基础上，统一设置严格防治、统防统治、农户自防共4个处理，因防治力度和病虫基数等原因，形成不同的病虫害发生梯度。在小麦收获期，通过测量不同防控处理情况下的小麦产量，判断不同防治情况下病虫害造成的损失。本试验设定，在严格防治情况下，病虫害造成的损失最小，按理论产量计；完全不防治情况下，病虫害造成的损失最大；其他不同防治力度下造成的危害损失居于中间。通过测算病虫害造成的最大损失率和不同防治力度的实际损失率，进而确定病虫害不同发生程度的危害损失率。其计算方法见公式2-1至公式2-3。

$$最大损失率 = \frac{（严格防治处理单产－完全不防治处理单产）}{严格防治处理单产} \times 100\% \qquad (2-1)$$

$$不同防治类型实际损失率 = \frac{（严格防治处理单产－不同防治力度处理单产）}{严格防治处理单产} \times 100\% \qquad (2-2)$$

$$挽回损失率 = \frac{（不同防治力度处理单产－完全不防治处理单产）}{严格防治处理单产} \times 100\% \qquad (2-3)$$

（三）植保贡献率计算

（1）不同防治水平植保贡献率的测算。完全不防治情况下的产量损失率减去防控条件下的产量损失率，即为不同处理植保贡献率。其计算方法见公式2-4、公式2-5。

$$植保贡献率（\%） = 完全不防治处理产量损失率－实际防治处理产量损失率 \qquad (2-4)$$

不同防治水平植物保护贡献率还可以用以下公式计算。

$$植保贡献率 = \frac{（不同防治处理单产－完全不防治处理单产）}{严格防治处理单产} \times 100\% \qquad (2-5)$$

（2）调查明确不同防治类型病虫害发生程度及面积占比。 开展植保贡献率测算，首先要调查明确所辖区域内病虫害的发生与防治类型分布情况，明确所辖区域内病虫害的发生面积大小。本试验按照严格防治区、统防统治区、农户自防区为代表类型，统计其面积占比，为加权测算病虫害造成的产量损失率做好准备。

（四）不同地域范围植保贡献率测算方法

在当前生产中，一般需要分别计算县级、市级、省级和全国的植保贡献率。本试验具体测算办法如下：

（1）县域范围的植保贡献率测算。 根据不同生态区病虫害发生程度、分布状况和防治情况调查数据，结合代表区域植保贡献率测算结果，采用加权平均的办法测算县域植保贡献率。其计算方法见公式2-6。

$$县域植保贡献率 = \sum \left[\frac{\left(\begin{array}{c}不同防治力\\度处理单产\end{array} - \begin{array}{c}完全不防治\\处理单产\end{array}\right)}{\begin{array}{c}严格防治\\处理单产\end{array}} \times \begin{array}{c}不同发生\\程度面积\\占种植面\\积的比例\end{array} \right] \times 100\% \qquad (2-6)$$

（2）市（地）级范围的植保贡献率测算。 参考县域范围的植保贡献率的测算方法进行，也可依据所辖各县的植保贡献率结果，加权平均测算。

（3）省域范围的植保贡献率测算。 采用各县的贡献率结果加权平均计算，也可以在县域测算结果的基础上，选择有代表性的5～10个县，直接用加权平均的办法测算省域植保贡献率。其计算方法见公式2-7。

$$省域植保贡献率 = \sum \left(\begin{array}{c}县域植保\\贡献率\end{array} \times \begin{array}{c}该县种植面积占统计\\总种植面积的比例\end{array} \right) \times 100\% \qquad (2-7)$$

（4）全国植保贡献率的测算方法。 采用各省的贡献率结果加权平均计算，也可以选择有代表性的重点省份，用加权平均的办法测算全国的植保贡献率。其计算方法见公式2-8。

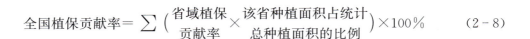

$$\text{全国植保贡献率}=\sum\left(\begin{array}{c}\text{省域植保}\\\text{贡献率}\end{array}\times\begin{array}{c}\text{该省种植面积占统计}\\\text{总种植面积的比例}\end{array}\right)\times100\%\qquad(2-8)$$

二、评价结果

(一)河南省试验评价结果

河南省植保植检站在全省清丰县、南乐县、获嘉县、延津县、伊川县、兰考县、淮阳区、郸城县、项城市、平舆县等10个试验点开展小麦病虫害防控植保贡献率评价试验和数据采集工作。经全省数据平均,严格防治区、统防统治区、农户自防区、不防病虫害区的病虫草害防控挽回损失率分别为31.76%、29.05%、22.99%和5.66%。据调查,河南省4种防治类型所占比例分别为7.21%、55.70%、36.70%和0.39%,加权平均病虫草害防控植保贡献率为26.93%(表2-2)。

表2-2 2022年河南省小麦病虫草害防控植保贡献率评价试验结果

试验处理	发生程度	平均亩产(千克)	损失率(%)	挽回损失率(%)	面积占比(%)	植保贡献率(%)
严格防治区	1	606.13	—	31.76	7.21	
统防统治区	1	589.71	2.71	29.05	55.70	
农户自防区	2	552.97	8.77	22.99	36.70	26.93
不防病虫害区	3	447.98	26.09	5.66	0.39	
不防病虫草害区	4	413.65	31.76	—	—	

注:依据全省清丰县、南乐县、获嘉县、延津县、伊川县、兰考县、淮阳区、郸城县、项城市、平舆县10个试验点调查数据,按照小麦种植面积加权平均计算防控植保贡献率。

(二)山东省试验评价结果

山东省农业技术推广中心组织依据济南市章丘区、泰安市岱岳区、梁山县、阳谷县、鄄城县等5个试验点开展小麦病虫草害防控植保贡献率评价试验和数据采集工作。经对5个试验点数据平均,严格防治区、统防统治区、农户自防区病虫草害防控挽回损失率分别为35.28%、30.03%和24.04%。据调查,山东省3种防治类型所占比例分别为4.71%、53.38%和39.91%,加权平均病虫草害防控植保贡献率为27.88%(表2-3)。

表 2 - 3　2023 年山东省小麦病虫草害防控植保贡献率评价试验结果

试验处理	发生程度	平均亩产（千克）	损失率（%）	挽回损失率（%）	面积占比（%）	植保贡献率（%）
严格防治区	1	623.89	—	35.28	4.71	
统防统治区	1	591.13	5.25	30.03	55.38	
农户自防区	2	553.74	11.24	24.04	39.91	27.88
不防病虫害区	3	437.21	29.92	5.36	—	
不防病虫草害区	4	403.76	35.28	—	—	

注：依据全省章丘区、岱岳区、梁山县、阳谷县、鄄城县 5 个试验点调查数据，按照小麦种植面积加权平均计算防控植保贡献率。

（三）河北省试验评价结果

河北省植保植检站在鹿泉区、正定县、栾城区、博野县 4 个试验点开展小麦病虫草害防治效果与植保贡献率评价工作。经测算，严格防治区、统防统治区、农户自防区病虫草害防控挽回损失率分别为 33.62%、30.39% 和 24.25%。据调查，河北省 3 种防治类型所占比例分别为 8.30%、66.77% 和 24.93%，加权平均病虫草害防控植保贡献率为 29.13%（表 2 - 4）。

表 2 - 4　2023 年河北省小麦病虫草害防控植保贡献率评价试验结果

试验处理	发生程度	平均亩产（千克）	损失率（%）	挽回损失率（%）	面积占比（%）	植保贡献率（%）
严格防治区	1	617.98	—	33.62	8.30	
统防统治区	1	598.01	3.23	30.39	66.77	
农户自防区	2	560.07	9.37	24.25	24.93	29.13
不防病虫害区	3	467.91	24.28	9.33	—	
不防病虫草害区	4	410.22	33.62	—	—	

注：依据全省鹿泉区、正定县、栾城区、博野县 4 个试验点测产试验数据，按照小麦种植面积加权平均计算防控植保贡献率。

（四）安徽省试验评价结果

安徽省植物保护总站重点安排淮南市凤台县、宿州市埇桥区、蚌埠市怀远县 3 个试验点开展 2023 年小麦病虫草害防控植保贡献率评价试验和数据采集工作。经对 3 个县（区）

多点采集的数据平均分析，严格防治区、统防统治区、农户自防区病虫草害防控挽回损失率分别为32.65%、27.10%和21.90%。据调查，安徽全省3种防治类型所占比例分别为10.00%、82.30%和7.70%，加权平均全省小麦病虫草害防控植保贡献率为27.25%（表2-5）。

表2-5 2023年安徽省小麦病虫草害防控植保贡献率评价试验结果

试验处理	发生程度	平均亩产（千克）	损失率（%）	挽回损失率（%）	面积占比（%）	植保贡献率（%）
严格防治区	1	527.43	—	32.65	10.00	
统防统治区	1	498.15	5.55	27.10	82.30	
农户自防区	2	470.70	10.75	21.90	7.70	27.25
不防病虫害区	3	411.14	22.05	10.60		
不防病虫草害区	5	355.20	32.65	—		

注：依据淮南市凤台县、宿州市埇桥区、蚌埠市怀远县3个试验点测产试验数据，按照小麦种植面积加权平均计算防控植保贡献率。

（五）全国小麦病虫害防控植保贡献率评价结果

依据河南、山东、河北和安徽4省测定的小麦病虫草害严格防治区、统防统治区、农户自防区防控挽回的产量损失率结果和各防治类型所占的面积比例，加权平均计算各省的植保贡献率。在此基础上，依据各省小麦面积占4省小麦总面积的比例，按照公式（2-8）加权平均计算得，2023年全国小麦病虫草害防控植保贡献率为27.58%（表2-6）。

表2-6 2023年全国小麦病虫草害防控植保贡献率评价试验结果

省份	严格防治区		统防统治区		农户自防区		植保贡献率（%）	全国植保贡献率（%）
	挽回损失率（%）	面积占比（%）	挽回损失率（%）	面积占比（%）	挽回损失率（%）	面积占比（%）		
河南	31.76	7.21	29.05	55.70	22.99	36.70	26.93	
山东	35.28	4.71	30.03	55.38	24.04	39.91	27.88	
河北	33.62	8.30	30.39	66.77	24.25	24.93	29.13	
安徽	32.65	10.00	27.10	82.30	21.90	7.70	27.25	
平均	33.33	—	29.14	—	23.29	—	27.80	27.58

注：因分列数据存在四舍五入，所以平均数据与计算略有偏差。

（六）全国小麦病虫害防后实际损失率测算结果

依据河南、山东、河北和安徽 4 省测定的小麦病虫害统防统治区和农户自防区防后产量损失率测定结果，结合各防治类型所占的面积比例，以及各省小麦面积占 4 省小麦总面积的比例，加权平均计算 2023 年全国小麦病虫害（不包括杂草和鼠害）防后实际损失率为 5.54%（表 2-7）。

表 2-7　2023 年全国小麦病虫害防治后实际损失率测算结果

省份	统防统治区		农户自防区		防后损失率（%）	面积占 4 省小麦比（%）	全国防后损失率（%）
	实际损失率（%）	面积占比（%）	实际损失率（%）	面积占比（%）			
河南	2.71	55.70	8.77	36.70	4.73	38.43	
山东	5.25	55.38	11.24	39.91	7.39	27.10	
河北	3.23	66.77	9.37	24.93	4.49	15.12	
安徽	5.55	82.30	10.75	7.70	5.39	19.35	
平均	4.19	—	10.03	—	5.50	—	5.54

三、结论与讨论

（一）结论

（1）**2023 年全国小麦病虫害防控的植保贡献率**。利用河南、山东、河北和安徽 4 省试验数据加权平均计算，全国小麦病虫害防控的植保贡献率为 27.58%。其中，河南、山东、河北和安徽防控植保贡献率分别为 26.93%、27.88%、29.13% 和 27.25%。据此测算，通过病虫害防控共挽回小麦产量 3 767.15 万吨（376.72 亿千克）。

（2）**2023 年全国小麦病虫害防后实际损失率**。统计结果表明，完全不防治病虫草害的情况下，造成的损失均超过 30%，河南、山东、河北和安徽分别为 31.76%、35.28%、33.62% 和 32.65%，平均 33.33%。通过大力开展防治，较好地控制了病虫草危害的发生，4 省小麦病虫草害防治后，实际造成损失仍有 4.49%～7.39%，加权平均为 5.54%。

（3）**麦田杂草的发生危害较为严重**。本评价采用完全不防治病虫害、完全不防治病虫草害作对照，发现在不防治草害的情况下，河南、山东、河北和安徽 4 省的危害损失率分别增加 5.66%、5.36%、9.33% 和 10.60%，平均增加 7.74%。

（二）讨论

（1）本年度评价因素考虑全面，结果相对客观可信。与2022年首次开展评价工作相比，我们认真总结梳理了2022年度工作中存在的问题，及时修订了评价办法，在小麦秋播前即布置开展试验评价工作，尤其是增设了不防治杂草的防控处理，考虑了小麦秋播拌种的防治环节，真正做到全生育期植保防控措施全因素考虑，因此评价结果是相对客观可信的。

（2）本评价结果总体偏低，代表病虫害较轻年份。由于气候等因素影响，2023年全国小麦病虫害总体发生较轻。小麦条锈病流行程度偏低，发病面积是近10年来最低的；小麦赤霉病流行程度轻于常年，尤其是长江流域麦区发病较轻，发病面积低于偏轻发生的2022年；小麦蚜虫和小麦纹枯病等虽然总体偏重发生，但发生期偏晚，发生程度与历史高年比明显减轻，未造成大范围偏重危害；小麦茎基腐病发病范围有所扩大，但发生面积占比较小。因此，本年度所得的评价结果可能偏低，仅代表病虫害发生较轻年份的结果，与联合国粮食及农业组织（FAO）测算的结果相比偏低。如遇病虫害严重发生年份，病虫害防控的植保贡献率应该更高。

（3）本评价方法还有不足，有待于进一步完善。本评价方法主要采用多地多点田间对比试验方法获取数据，开展植保贡献率评价，尽管随着各地对评价方法的逐步熟悉与掌握，在试验处理安排、抽样调查方法和数据分析方法上的人为误差在减小，但本办法本身还有一定的局限性，有些因素没有考虑进来。例如，针对小麦赤霉病，由于加大了全域范围的预防，将菌源基数压得很低，导致不防治对照区发病也比较轻，这种隐性的贡献率还没有考虑。另外，对于小麦条锈病等大区流行性病害，由于加强了源头区控制，降低了对越冬区、春季流行区的菌源压力，将全国病害的流行控制在较低的水平，其防控的植保贡献率也是没法考虑的，这是今后评价方法建设需要完善的重点。

完成人   刘万才、李跃、彭红、商明清、李娜 、石珊

第三章 2023 年全国水稻病虫害防控植保贡献率评价报告

2023 年，根据《2023 年"虫口夺粮"保丰收行动方案》要求，全国各级农业农村部门及植保机构及时动员部署，压实防控责任，强化防控技术指导，加强宣传培训，全力打好病虫防控攻坚战，有效遏制了稻飞虱、稻纵卷叶螟、二化螟、水稻纹枯病、稻瘟病等重大病虫害大面积重发危害，实现了"虫口夺粮"保丰收目标。为客观分析农作物病虫害防控取得的成效，全国农业技术推广服务中心在 2020—2022 年试点探索和总结以往研究工作的基础上，组织黑龙江、江苏、浙江、安徽、江西、湖南、广西、重庆和四川等 9 省（自治区、直辖市）植保体系开展了水稻病虫害防控植保贡献率评价工作。通过统一设置严格防治区、统防统治区、农户自防区和完全不防治对照区，采用多点试验测产的方法，经科学评估，2023 年全国水稻病虫草害防控植保贡献率为 40.58%。据此测算，共挽回水稻产量损失 8 383.95 万吨。统计分析表明，在完全不防治病虫草害的情况下，造成的损失一般超过 40%，严格防治情况和统防统治条件下，植保贡献率分别比农户自防高 11.48 个和 5.99 个百分点。现将有关结果报告如下：

一、评价方法

为加强水稻病虫害防控成效与植保贡献率评价，全国农业技术推广服务中心于 2023 年制定印发了《农作物病虫害防控植保贡献率评价办法》，并且印发通知明确试验承担省份、工作要求、试验处理、数据采集和统计分析方法，为客观分析评价水稻病虫害防控植保贡献率奠定了较好基础。

（一）评价承担地

在全国选择有代表性的黑龙江、江苏、浙江、安徽、江西、湖南、广西、重庆和四川等 9 个水稻主产省份的重点基层县（市、区）承担全国水稻病虫草害防控植保贡献率评价工作。原则上每个省份根据代表性安排 5 个以上县（市、区）开展评价试验工作，见表 3-1。

表 3-1　2023 年全国水稻病虫草害防控植保贡献率评价任务承担站点

省份	承担任务县（市、区）
黑龙江	方正、泰来、桦南、绥棱、饶河、鸡东
江苏	大丰、通州、太仓、靖江、睢宁、宜兴
浙江	衢江、江山、瑞安
安徽	宿松、南谯、凤台、无为、池州
江西	丰城、余干、泰和、瑞昌、临川、安远
湖南	浏阳、祁东、攸县、邵东、岳阳、安乡、赫山、安仁、宁远、双峰、衡阳、湘潭、武冈、平江、慈利、新晃、辰溪、花垣
广西	兴宾、苍梧、全州、钦南、上林
重庆	秀山、南川、綦江、江津、永川、垫江
四川	崇州、合江、岳池、营山、平昌

（二）危害损失率测算

根据全国农业技术推广服务中心制定的评价办法，黑龙江、江苏、浙江、安徽、江西、湖南、广西、重庆和四川等 9 省（自治区、直辖市）植保体系植保植检站选择有代表性的水稻主产县（市、区），通过田间小区试验，在设置完全不防治病虫和完全不防治病虫草害 2 个对照处理的基础上，统一设置严格防治、统防统治、农户自防 3 个处理，因防治力度和病虫基数等原因，形成不同的病虫害发生梯度。在水稻收获期，通过测量不同防控处理情况下的水稻产量，判断不同防治情况下病虫害造成的损失。本试验设定，在严格防控情况下，病虫害造成的损失最轻，按理论产量计；完全不防治情况下，病虫害造成的损失最大；其他不同防控力度下造成的危害损失居于中间。通过测算病虫害造成的最大损失率和不同防治力度的实际损失率，进而确定病虫害不同发生程度的危害损失率。其计算方法见公式 3-1 至公式 3-3。

$$最大损失率 = \frac{（严格防治处理单产 - 完全不防治处理单产）}{严格防治处理单产} \times 100\% \qquad (3-1)$$

$$实际损失率 = \frac{（严格防治处理单产 - 不同防治力度处理单产）}{严格防治处理单产} \times 100\% \qquad (3-2)$$

$$挽回损失率 = \frac{（不同防治力度处理单产 - 完全不防治处理单产）}{严格防治处理单产} \times 100\% \qquad (3-3)$$

（三）植保贡献率计算方法

（1）不同防治水平植物保护贡献率的测算。完全不防治情况下的产量损失率减去防控条件下的产量损失率，即为不同处理植保贡献率。其计算方法见公式3-4、公式3-5。

植保贡献率（％）＝完全不防治处理产量损失率－实际防治处理产量损失率 （3-4）

不同防治水平植物保护贡献率还可以用公式3-5计算：

$$植保贡献率 = \frac{（不同防治处理单产－完全不防治处理单产）}{严格防治处理单产} \times 100\% \qquad (3-5)$$

（2）调查明确不同防治类型病虫害发生情况及占比。开展植保贡献率测算，首先要调查明确所辖区域内病虫害的防治情况（及其发生危害程度）和分布状况，明确所辖区域病虫害的发生面积大小。本试验以严格防治区、统防统治区、农户自防区为代表类型，统计其面积占比，以便为加权测算全代表区域病虫害造成的产量损失率做好准备。

（四）不同地域范围植保贡献率测算方法

根据需要分别计算县级、市级、省级和全国的植保贡献率。本试验具体测算办法如下：

（1）县域范围的植保贡献率测算。根据不同生态区病虫害发生程度、分布状况和防治情况调查数据，结合代表区域植保贡献率测算结果，采用加权平均的办法测算县域植保贡献率。其计算方法见公式3-6。

$$县域植保贡献率 = \sum \left[\frac{\left(\begin{array}{c}不同防治力\\度处理单产\end{array} - \begin{array}{c}完全不防治\\处理单产\end{array}\right)}{\begin{array}{c}严格防治\\处理单产\end{array}} \times \begin{array}{c}不同发生\\程度面积\\占种植面\\积的比例\end{array} \right] \times 100\% \qquad (3-6)$$

（2）市（地）级范围的植保贡献率测算。参考县域范围的植保贡献率的测算方法进行，也可依据所辖各县的植保贡献率结果，加权平均测算。

（3）省域范围的植保贡献率测算。采用各县的贡献率结果加权平均计算，也可以在县域测算结果的基础上，选择有代表性的5～10个县，直接用加权平均的办法测算省域植保贡献率。其计算方法见公式3-7。

$$省域植保贡献率 = \sum \left(\begin{array}{c} 县域植保 \\ 贡献率 \end{array} \times \begin{array}{c} 该县种植面积占统计 \\ 总种植面积的比例 \end{array} \right) \times 100\% \qquad (3-7)$$

(4) 全国植保贡献率的测算方法。采用各省的贡献率结果加权平均计算，也可以选择有代表性的重点省份，用加权平均的办法测算全国的植保贡献率。其算法如公式（3-8）所示。

$$全国植保贡献率 = \sum \left(\begin{array}{c} 省域植保 \\ 贡献率 \end{array} \times \begin{array}{c} 该省种植面积占统计 \\ 总种植面积的比例 \end{array} \right) \times 100\% \qquad (3-8)$$

二、评价结果

（一）黑龙江省试验评价结果

黑龙江省植检植保站在方正等6个试验点开展试验评价工作，开展水稻病虫害防控植保贡献率评价试验和数据采集工作。经全省数据平均，严格防治区、统防统治区、农户自防区、不防病虫害区的防控挽回损失率分别为43.80%、43.41%、37.68%和24.04%。据调查，黑龙江省4种防治类型所占比例分别为11.23%、51.59%、37.15%和0.03%，加权平均病虫草害防控植保贡献率为41.32%（表3-2）。

表3-2　2023年黑龙江省水稻病虫害防控植保贡献率评价试验结果

试验处理	发生程度	平均亩产（千克）	损失率（%）	挽回损失率（%）	面积占比（%）	植保贡献率（%）
严格防治区	1	614.62	—	43.80	11.23	
统防统治区	1	612.20	0.39	43.41	51.59	
农户自防区	1~2	577.04	6.11	37.68	37.15	41.32
不防病虫害区	1~4	493.16	19.76	24.04	0.03	
不防病虫草害区	4~5	345.42	43.80	—	—	

注：依据全省方正、泰来、桦南、绥棱、饶河、鸡东6个试验点（分别代表全省6个不同的水稻主产区域）调查数据，按照水稻种植面积加权平均计算防控植保贡献率。

（二）江苏省试验评价结果

江苏省植物保护植物检疫站在大丰等6个试验点开展水稻病虫害防控植保贡献率评价试验和数据采集工作。经全省数据平均，严格防治区、统防统治区、农户自防区、不防病虫害区的防控挽回损失率分别为47.53%、42.76%、39.51%和14.65%。据调查，江苏省 4 种防治类型面积分别占比 12.54％、61.18％、24.84％和 1.19％，加权平均病虫害防控植保贡献率为 42.11 ％（表 3 - 3）。

表 3 - 3　2023 年江苏省水稻病虫害防控植保贡献率评价试验结果

试验处理	发生程度	平均亩产（千克）	损失率（％）	挽回损失率（％）	面积占比（％）	植保贡献率（％）
严格防治区	1	677.34	—	47.53	12.54	
统防统治区	1	645.13	4.77	42.76	61.18	
农户自防区	1	623.11	8.02	39.51	24.84	42.11
不防病虫害区	3.5	454.69	32.88	14.65	1.19	
不防病虫草害区	4.3	355.43	47.53	—	0.24	

注：依据全省大丰、通州、太仓、靖江、睢宁、宜兴 6 个试验点调查数据，按照水稻种植面积加权平均计算防控植保贡献率。

（三）浙江省试验评价结果

浙江省植物保护检疫站在江山市等 3 个试验点开展水稻病虫害防控植保贡献率评价试验和数据采集工作。经全省数据平均，严格防治区、统防统治区、农户自防区、不防病虫害区的病虫草害防控挽回损失率分别为 37.90％、34.55％、23.90％和 12.05％。据调查，浙江省 4 种防治类型面积分别占比 3.00％、58.00％、38.00％和 1.00％，加权平均病虫害防控植保贡献率为 30.38％（表 3 - 4）。

表 3 - 4　2023 年浙江省水稻病虫害防控植保贡献率评价试验结果

试验处理	发生程度	平均亩产（千克）	损失率（％）	挽回损失率（％）	面积占比（％）	植保贡献率（％）
严格防治区	1～2	610.46	—	37.90	3.00	
统防统治区	1～2	589.99	3.35	34.55	58.00	
农户自防区	2～3	524.98	14.00	23.90	38.00	30.38
不防病虫害区	3～4	452.62	25.86	12.05	1.00	
不防病虫草害区	4～5	379.09	37.90	—		

注：依据全省衢州市衢江区、江山市和温州市瑞安市 3 个试验点调查数据，按照水稻种植面积加权平均计算防控植保贡献率。

（四）安徽省试验评价结果

安徽省植保植检站在宿松县等 5 个试验点开展水稻病虫害防控植保贡献率评价试验和

数据采集工作。经全省数据平均，严格防治区、统防统治区、农户自防区、不防病虫害区的防控挽回损失率分别为72.52％、67.59％、62.66％和44.19％。据调查，安徽省4种防治类型面积分别占比17.56％、57.63％、23.51％和1.30％，加权平均病虫害防控植保贡献率为66.99％（表3-5）。

表3-5　2023年安徽省水稻病虫害防控植保贡献率评价试验结果

试验处理	发生程度	平均亩产（千克）	损失率（％）	挽回损失率（％）	面积占比（％）	植保贡献率（％）
严格防治区	1	670.68	—	72.52	17.56	
统防统治区	1	637.65	4.93	67.59	57.63	
农户自防区	2	604.55	9.86	62.66	23.51	66.99
不防病虫害区	4	480.67	28.33	44.19	1.30	
不防病虫草害区	5	184.29	72.52	—		

注：依据全省宿松县、南谯区、凤台县、无为市以及池州市5个试验点测产试验数据，按照水稻种植面积加权平均计算防控植保贡献率。

（五）江西省试验评价结果

江西省农业农村产业发展服务中心在丰城市等6个试验点开展水稻病虫害防控植保贡献率评价试验和数据采集工作。经全省数据平均，严格防治区、统防统治区、农户自防区、不防病虫害区的防控挽回损失率分别为42.05％、39.31％、35.27％和13.08％。据调查，江西省前3种防治类型面积分别占比2.57％、64.40％和33.03％，加权平均病虫害防控植保贡献率为38.05％（表3-6）。

表3-6　2023年江西省水稻病虫害防控植保贡献率评价试验结果

试验处理	发生程度	平均亩产（千克）	损失率（％）	挽回损失率（％）	面积占比（％）	植保贡献率（％）
严格防治区	2	526.67	—	42.05	2.57	
统防统治区	2	512.23	2.74	39.31	64.40	
农户自防区	3	491.00	6.78	35.27	33.03	38.05
不防病虫害区	4	374.10	28.97	13.08	—	
不防病虫草害区	4	305.22	42.05	—	—	

注：依据全省6个试验点测产试验数据，按照水稻种植面积加权平均计算防控植保贡献率。在丰城市、余干县、泰和县3地开展早、晚稻病虫害防控植保贡献率试验，在瑞昌市、临川区、安远县3地开展中稻病虫害防控植保贡献率试验。

（六）湖南省试验评价结果

湖南省植保植检站在全省设立 18 个试验点开展水稻病虫害防控植保贡献率评价试验和数据采集工作。经全省数据平均，严格防治区、统防统治区、农户自防区、不防病虫害区的防控挽回损失率分别为 49.71％、43.25％、34.77％和 10.31％。据调查，湖南省前 3 种防治类型面积分别占比 2.17％、52.13％和 45.70％，加权平均病虫草害防控植保贡献率为 39.51％（表 3-7）。

表 3-7 2023 年湖南省水稻病虫草害防控植保贡献率评价试验结果

试验处理	发生程度	平均亩产（千克）	损失率（％）	挽回损失率（％）	面积占比（％）	植保贡献率（％）
严格防治区	1	539.69	—	49.71	2.17	
统防统治区	1～2	504.79	6.47	43.25	52.13	
农户自防区	2～3	459.04	14.94	34.77	45.70	39.51
不防病虫害区	4～5	327.05	39.40	10.31	—	
不防病虫草害区	4～5	271.4	49.71	—	—	

注：依据全省 18 个试验点调查数据（在浏阳、祁东、攸县、邵东、岳阳、安乡、赫山、安仁、宁远、双峰 10 个试验点安排早、晚稻调查，在衡阳、湘潭、武冈、平江、慈利、新晃、辰溪、花垣 8 个试验点安排中稻调查），按照水稻种植面积和防治方式加权平均计算防控植保贡献率。

（七）广西壮族自治区试验评价结果

广西壮族自治区植物保护总站在全区 5 个试验点开展水稻病虫害防控植保贡献率评价试验和数据采集工作。经全区数据平均，严格防治区、统防统治区、农户自防区、不防病虫害区的病虫草害防控挽回损失率分别为 30.52％、27.78％、20.26％和 5.48％。据调查，广西 4 种防治类型面积分别占比 9.80％、36.96％、52.67％和 0.56％，加权平均病虫害防控植保贡献率为 23.96％（表 3-8）。

表 3-8 2023 年广西水稻病虫害防控植保贡献率评价试验结果

试验处理	发生程度	平均亩产（千克）	损失率（％）	挽回损失率（％）	面积占比（％）	植保贡献率（％）
严格防治区	1（2）	497.68	—	30.52	9.80	
统防统治区	1（2）	484.05	2.74	27.78	36.96	
农户自防区	3（4）	446.64	10.26	20.26	52.67	23.96

（续）

试验处理	发生程度	平均亩产（千克）	损失率（%）	挽回损失率（%）	面积占比（%）	植保贡献率（%）
不防病虫害区	4（5）	373.06	25.04	5.48	0.56	
不防病虫草害区	4（5）	345.80	30.52	—	—	

注：依据广西兴宾区、苍梧县、全州县、钦南区、上林县5个试验点测产试验数据，按照水稻种植面积加权平均计算防控植保贡献率。

（八）重庆市试验评价结果

重庆市植物保护站在秀山县等6个试验点开展水稻病虫害防控植保贡献率评价试验和数据采集工作。经全市数据平均，严格防治区、统防统治区、农户自防区、不防病虫害区的病虫草害防控挽回损失率分别为44.24%、34.18%、27.60%和5.10%。据调查，重庆市前3种防治类型面积分别占比10.00%、50.00%和40.00%，加权平均病虫害防控植保贡献率为32.55%（表3-9）。

表3-9　2023年重庆市水稻病虫害防控植保贡献率评价试验结果

试验处理	发生程度	平均亩产（千克）	损失率（%）	挽回损失率（%）	面积占比（%）	植保贡献率（%）
严格防治区	2	585.71	—	44.24	10.00	
统防统治区	3	526.78	10.06	34.18	50.00	
农户自防区	3	488.28	16.64	27.60	40.00	32.55
不防病虫害区	4	356.46	39.14	5.10	—	
不防病虫草害区	4	326.61	44.24	—	—	

注：依据秀山县、南川区、綦江区、江津区、永川区和垫江县6个试验点测产试验数据，按照水稻种植面积加权平均计算防控植保贡献率。

（九）四川省试验评价结果

四川省植物保护站在崇州等5个试验点开展水稻病虫害防控植保贡献率评价试验和数据采集工作。经全省数据平均，严格防治区、统防统治区、农户自防区、不防病虫害区的病虫草害防控挽回损失率分别为45.00%、31.13%、28.30%和0.64%。据调查，四川省4种防治类型面积分别占比4.20%、59.70%、35.50%和0.40%，加权平均病虫害防控植保贡献率为30.53%（表3-10）。

表 3－10　2023 年四川省水稻病虫害防控植保贡献率评价试验结果

试验处理	发生程度	平均亩产（千克）	损失率（%）	挽回损失率（%）	面积占比（%）	植保贡献率（%）
严格防治区	1～2	698.79	—	45.00	4.20	
统防统治区	2～3	601.89	13.86	31.13	59.70	
农户自防区	3～4	582.11	16.69	28.30	35.50	30.53
不防病虫害区	3～4	388.78	44.43	0.64	0.40	
不防病虫草害区	3～4	384.30	45.00	—	0.10	

注：依据全省崇州、合江、岳池、营山、平昌 5 个试验点测产试验数据，按照水稻种植面积加权平均计算防控植保贡献率。

（十）全国水稻病虫害防控植保贡献率

依据黑龙江、江苏等 9 省（自治区、直辖市）测定的水稻病虫害严格防治区、统防统治区、农户自防区防控挽回的产量损失率结果和各防治类型所占的面积比例，加权平均计算各省份的植保贡献率。在此基础上，依据各省份水稻面积占 9 个省份水稻总面积的比例，按照公式 3－8 加权平均计算得，2023 年度全国水稻病虫害（不包括杂草和鼠害）防控植保贡献率为 40.58%（表 3－11）。

表 3－11　2023 年全国水稻病虫害防控植保贡献率评价试验结果

省份	严格防治区		统防统治区		农户自防区		植保贡献率（%）	全国植保贡献率（%）
	挽回损失率（%）	面积占比（%）	挽回损失率（%）	面积占比（%）	挽回损失率（%）	面积占比（%）		
黑龙江	43.80	11.23	43.41	51.59	37.68	37.15	41.32	
江苏	47.53	12.54	42.76	61.18	39.51	24.84	42.11	
浙江	37.90	3.00	34.55	58.00	23.89	38.00	30.38	
安徽	72.52	17.56	67.59	57.63	62.66	23.51	66.99	
江西	42.05	2.57	39.31	64.40	35.27	33.03	38.05	
湖南	49.71	2.17	43.25	52.13	34.77	45.70	39.51	
广西	30.52	9.80	27.78	36.96	20.26	52.67	23.96	
重庆	44.24	10.00	34.18	50.00	27.60	40.00	32.55	
四川	45.00	4.20	31.13	59.70	28.30	35.50	30.53	
平均	45.92	—	40.43	—	34.44	—	38.38	40.58

注：因分列数据存在四舍五入，所以平均数据与计算略有偏差。

三、评价结论

(一) 2023年参试各省水稻病虫害防控的植保贡献率

黑龙江、江苏、浙江、安徽、江西、湖南、广西、重庆和四川等9省 (自治区、直辖市) 全年水稻病虫草害防控的植保贡献率分别为41.32%、42.11%、30.38%、66.99%、38.05%、39.51%、23.96%、32.55%和30.53%，平均为38.38%。

(二) 2023年全国水稻病虫害防控的植保贡献率

此次承担试验的黑龙江等9省 (自治区、直辖市) 均为全国水稻主产省份，水稻播种面积占全国总面积的69.90%左右。利用这9个省份水稻病虫害防控的植保贡献率加权平均计算全国水稻病虫害防控的植保贡献率为40.58%。据此测算，2023年通过病虫草害防控，共挽回水稻产量8 383.95万吨 (838.39亿千克)。

(三) 稻田杂草发生危害较为严重

本评价采用完全不防治病虫害、完全不防治病虫草害作对照，发现在不防治草害的情况下，黑龙江、江苏、浙江、安徽、江西、湖南、广西、重庆和四川等9省 (自治区、直辖市) 的危害损失率分别增加24.04%、14.65%、12.05%、44.19%、13.08%、10.31%、5.48%、5.10%和0.64%，平均14.39%。

(四) "虫口夺粮" 保丰收行动成效显著

经对9省 (自治区、直辖市) 数据平均分析，严格防治情况和统防统治条件下，植保贡献率分别比农户自防高11.48个和5.99个百分点。此次试验的9个省份的统防统治率基本在50%以上，最高的达64.40%，充分表明通过实施精准防控、统防统治等措施，能切实显著降低病虫害危害损失。

四、讨论

(一) 各地植保贡献率客观科学地反映了病虫害发生和防控的成效

2023年水稻病虫害整体偏轻，但是部分病虫害在局部地区发生偏重。四川、重庆等西南区域稻飞虱大发生，四川在严格防治区和统防统治区的挽回损失率均比2022年增加，增加约3个百分点，且病虫害发生危害重的情况下，严格防治和统防统治比农户自防效果更好，也从侧面表明加强防控技术指导的重要性。从地区间来看，重庆稻飞虱发生比四川更重，重庆植保贡献率比四川高出 2 个百分点。湖南等地 2023 年同比二化螟发生基数高，8 月初调查中稻上全省加权亩平均幼虫数量是 2022 年同期的 1.2 倍，晚稻上全省加权亩平均幼虫数量是 2022 年同期的 1.4 倍，相应地植保贡献率略高于 2022 年。此外，各地杂草发生和危害程度不同，部分地区草害比病虫危害更重，如黑龙江、安徽等地，黑龙江地区相对病虫危害轻，主要是草害。安徽由于稻茬麦占比较高，同时水稻采取直播栽培方式，草害较重。因此，从全年各地植保贡献率的数据能看出当地病虫草害发生危害程度和防控成效。

（二）评价试验选点对植保贡献率结果有一定影响

从数据可以看出，全国 9 个省（自治区、直辖市）植保贡献率不一致，这有病虫危害造成损失不同和防治力度的原因，还和各地选点、水稻耕作制度等有很大的关系。除江苏外，黑龙江、江西、湖南、广西、四川等 6 个省份选点都有变化，各处理的平均亩产和挽回损失率数据相应也不同，因此，年度间植保贡献率也不相同。江西、湖南是传统的双季稻产区，在耕作制度上，有单季稻、双季稻等多种方式；在播种方式上，有直播和移栽，移栽还可以分为抛秧、机栽等多种形式。不同的耕作制度、播种方式以及栽培技术下，病虫草害发生危害也不同。早稻、中稻、晚稻病虫危害程度不一样，今年江西、湖南中稻上"两迁害虫"相比早稻、晚稻发生更重。移栽抛秧、机插秧田块的杂草和直播田杂草发生相差很大，在所有播种方式和栽培技术中，直播田杂草发生危害是所有稻田中最严重的。目前，主要是通过各种耕作制度下水稻所占比例，以及试验点的测产数据和防治类型所占比例，来加权计算当地植保贡献率。一旦选点发生变化，以及耕制度发生变化，植保贡献率数据就会发生改变，最终影响全国水稻植保贡献率数值。今年江西中稻病虫害发生较重，但是由于开展评价试验所在县的中稻面积种植占比较低，因此全省植保贡献率没有体现出中稻病虫害防控的成效。这也从另一个方面说明，植保贡献率反映的是整体面上的病虫害发生和防治成效。

（三）植保贡献率评价方法需进一步完善

《农作物病虫害防控植保贡献率评价办法》规定，设置严格防治、统防统治、农户自防以及完全不防治病虫草害、完全不防治病虫害 2 个对照处理，共 5 个处理。其中，不防治病虫害、不防治病虫草害 2 个对照处理 1 亩，不设重复。在实际工作中，为便于开展评价试验，对照区一般在处理区附近，处理区开展正常防控，尽管对照区不防控，但是由于紧邻处理区，整体病虫基数也降低了。此外，对照区由于不开展病虫草害防控，涉及农民赔偿等问题，因此，对照区面积一般不大，也不设重复。在不同地域范围植保贡献率测算方法上，用不同防治力度下的挽回损失率乘以不同发生程度面积占种植面积的比，求和得出植保贡献率，县级、市级、省级植保贡献率均可以此法计算。但是没有明确多种耕作制度下如何加权计算植保贡献率，针对不同耕作制度采用不同权重来计算的话，植保贡献率结果会有不同。因此，植保贡献率评价方法应在实践中进一步完善。

完成人　刘慧、卓富彦、刘万才、李鹏、朱凤、姚晓明、邱坤、曹申文、朱秀秀、谢义灵、牛小慧、徐翔、胡韬

第四章 2023 年全国玉米病虫害防控植保贡献率评价报告

为准确反映玉米病虫害防控工作的成效和贡献率，根据种植业管理司安排部署，2023年全国农业技术推广服务中心（以下简称"我中心"）继续开展植保贡献率评价工作，组织河北、吉林、河南、安徽、陕西、四川和云南7个省份植保体系认真开展了玉米重大病虫害防控植保贡献率评价工作。通过统一设置严格防治区、统防统治区、农户自防区、不防病虫害区和不防病虫草害区，采用多点试验测产的方法，经科学评估，2023年全国玉米病虫草害防控植保贡献率为25.66%。据此测算，共挽回玉米产量损失7 411.69万吨。统计结果表明，严格防治和统防统治情况下，防控植保贡献率分别比农户自防高11.96个和6.18个百分点。

一、评价方法

（一）危害损失率测算方法

根据我中心制定的评价办法，河北、吉林、河南、安徽、陕西、四川和云南7个省份植保植检站选择有代表性的玉米主产县开展田间评估试验，统一设置严格防治区、统防统治区、农户自防区、不防病虫害区和不防病虫草害区5个处理，因防治力度不同等原因，形成不同的病虫草害发生梯度。在玉米收获期，通过测量不同防治类型下产量，判断不同防治类型、不同发生程度病虫害造成的损失。本试验设定，在严格科学防控情况下，病虫危害造成的损失最轻，按理论产量计；完全不防治情况下，病虫危害造成的损失最大；其他不同防控处理造成的危害损失居于中间。通过测算病虫危害造成的最大损失率和不同防治力度的实际损失率，进而确定不同防治情况下危害损失率。其计算方法见公式4-1至公式4-3。

$$最大损失率 = \frac{（严格防治处理单产 - 完全不防治处理单产）}{严格防治处理单产} \times 100\% \quad (4-1)$$

$$不同防治类型实际损失率=\frac{（严格防治处理单产－不同防治力度处理单产）}{严格防治处理单产}\times100\% \quad （4-2）$$

$$挽回损失率=\frac{（不同防治力度处理单产－完全不防治处理单产）}{严格防治处理单产}\times100\% \quad （4-3）$$

（二）植保贡献率计算方法

（1）不同防治水平植物保护贡献率的测算。完全不防治情况下的产量损失率减去防治条件下的产量损失率，即为不同处理植保贡献率。其计算方法见公式4-4、公式4-5。

$$植保贡献率（\%）=完全不防治处理产量损失率－实际防治处理产量损失率 \quad （4-4）$$

不同防治水平植物保护贡献率还可以用以下公式计算：

$$植保贡献率=\frac{（不同防治处理单产－完全不防治处理单产）}{严格防治处理单产}\times100\% \quad （4-5）$$

（2）调查明确不同防治类型病虫害发生情况及面积占比。开展植保贡献率测算，首先要调查明确所辖区域内病虫害的防治情况（即其发生危害程度）和分布状况，明确所辖区域病虫害的发生面积大小。本试验以严格防治区、统防统治区、农户自防区为代表类型，统计其面积占比，为加权测算全代表区域病虫害造成的产量损失率做好准备。

（三）不同地域范围植保贡献率测算方法

在当前生产中，一般需要分别计算县级、市级、省级和全国的植保贡献率。本试验具体测算办法如下：

（1）县域范围的植保贡献率测算。根据不同生态区病虫害发生程度、分布状况和防治情况调查数据，结合代表区域植保贡献率测算结果，采用加权平均的办法测算县域植保贡献率。其计算方法见公式4-6。

$$县域植保贡献率=\sum\left[\frac{\left(\substack{不同防治力\\度处理单产}-\substack{完全不防\\治单产}\right)}{\substack{严格防治\\处理单产}}\times\substack{不同发生\\程度面积\\占种植面\\积的比例}\right]\times100\% \quad （4-6）$$

（2）市（地）级范围的植保贡献率测算。参考县域范围的植保贡献率的测算方法进行，也可依据所辖各县的植保贡献率结果，加权平均测算。

（3）省域范围的植保贡献率测算。采用各县的贡献率结果加权平均计算，也可以在县域测算结果的基础上，选择有代表性的5～10个县，直接用加权平均的办法测算省域植保贡献率。其计算方法见公式4-7。

$$省域植保贡献率 = \sum \left(\begin{array}{c} 县域植保 \\ 贡献率 \end{array} \times \begin{array}{c} 该县种植面积占统计 \\ 总种植面积的比例 \end{array} \right) \times 100\% \qquad (4-7)$$

（4）全国植保贡献率的测算方法。采用各省的贡献率结果加权平均计算，也可以选择有代表性的重点省份，用加权平均的办法测算全国的植保贡献率。其计算方法见公式4-8。

$$全国植保贡献率 = \sum \left(\begin{array}{c} 省域植保 \\ 贡献率 \end{array} \times \begin{array}{c} 该省种植面积占统计 \\ 总种植面积的比例 \end{array} \right) \times 100\% \qquad (4-8)$$

二、评价结果

（一）河北省试验评价结果

河北省植保植检站在永年、河间、黄骅、固安、万全5个玉米主产市开展玉米病虫害防治效果与植保贡献率评价工作。经对5个试验点测产数据平均后根据公式计算，严格防治区、统防统治区、农户自防区的病虫害防控挽回损失率分别为35.04%、30.07%和24.37%。据统计测算，河北省3种防治类型面积所占比例分别为13.88%、74.42%和11.69%，加权平均后得出全省病虫害防控植保贡献率为30.10%（表4-1）。

表4-1 2023年河北省玉米病虫害防控植保贡献率评价试验结果

试验处理	发生程度	平均亩产（千克）	损失率（%）	挽回损失率（%）	面积占比（%）	植保贡献率（%）
严格防治区	1	736.94	—	35.04	13.88	
统防统治区	1	700.31	4.97	30.07	74.42	
农户自防区	3	658.30	10.67	24.37	11.69	30.10
不防病虫害区	4	544.96	26.05	8.99	—	
不防病虫草害区	4	478.70	35.04	—	—	

注：依据全省5个试验点调查数据，按照玉米种植面积加权平均计算防控植保贡献率。

（二）吉林省试验评价结果

吉林省农业技术推广中心组织蛟河、辉南、敦化、抚松、洮南、东丰、榆树7个县（市、区）开展玉米病虫害防控植保贡献率评价试验和数据采集工作。经对7个县（市、区）数据平均，严格防治区、统防统治区、农户自防区病虫害防控挽回损失率分别为26.96％、24.18％和23.13％。据调查，吉林省3种防治类型面积所占比例分别为14.27％、32.76％和51.64％，加权平均病虫害防控植保贡献率为23.87％（表4-2）。

表4-2　2023年吉林省玉米病虫害防控植保贡献率评价试验结果

试验处理	发生程度	平均亩产（千克）	损失率（％）	挽回损失率（％）	面积占比（％）	植保贡献率（％）
严格防治区	0	827.76	—	26.96	14.27	
统防统治区	0~1	804.80	2.77	24.18	32.76	
农户自防区	1~3	796.11	3.82	23.13	51.64	23.87
不防病虫区	4	705.12	14.82	12.14	1.28	
不防病虫草区	5	604.63	26.96	—	0.05	

注：依据全省7个县（市、区）调查数据，按照玉米种植面积加权平均计算防控植保贡献率。

（三）河南省试验评价结果

河南省植保植检站在平舆、长葛、郾城、博爱、济源、渑池、夏邑、清丰、兰考、荥阳、唐河11个县（市、区）开展玉米病虫害防控植保贡献率评价试验和数据采集工作。经全省数据平均，严格防治区、统防统治区、农户自防区病虫害防控挽回损失率分别为37.07％、31.02％和21.48％。据测算，河南省3种防治类型面积所占比例分别为6.71％、52.15％和41.14％，加权平均病虫害防控植保贡献率为27.50％（表4-3）。

表4-3　2023年河南省玉米病虫害防控植保贡献率评价试验结果

试验处理	发生程度	平均亩产（千克）	损失率（％）	挽回损失率（％）	面积占比（％）	植保贡献率（％）
严格防治区	0~1	669.36	—	37.07	6.71	
统防统治区	1	628.84	6.05	31.02	52.15	
农户自防区	1~2	565.00	15.59	21.48	41.14	27.50
不防病虫害区	3~5	452.05	32.46	4.61	—	
不防病虫草害区	4~5	421.20	37.07	—	—	

注：依据全省11个县（市、区）调查数据，按照玉米种植面积加权平均计算防控植保贡献率。

（四）云南省试验评价结果

云南省植保植检站在保山隆阳区、昆明富民县2个县（区）开展玉米病虫害防控植保贡献率评价试验和数据采集工作。经全省数据平均，严格防治区、统防统治区、农户自防区病虫害防控挽回损失率分别为34.82%、23.26%和17.03%。据测算，云南省3种防治类型面积所占比例分别为0.20%、40.14%和56.20%，加权平均病虫害防控植保贡献率为19.41%（表4-4）。

表4-4　2023年云南省玉米病虫害防控植保贡献率评价试验结果

试验处理	发生程度	平均亩产（千克）	损失率（%）	挽回损失率（%）	面积占比（%）	植保贡献率（%）
严格防治区	1	525.00	—	34.82	0.20	
统防统治区	2	464.33	11.56	23.26	40.14	
农户自防区	2	431.60	17.79	17.03	56.20	19.41
不防病虫害区	4	408.00	22.29	12.53	3.42	
不防病虫草害区	5	342.20	34.82	—	0.04	

注：依据全省2个县（区）调查数据，按照玉米种植面积加权平均计算防控植保贡献率。

（五）安徽省试验评价结果

安徽省植保总站在固镇、蒙城、明光、萧县4个县（市、区）开展玉米病虫害防控植保贡献率评价试验和数据采集工作。经全省数据平均，严格防治区、统防统治区、农户自防区病虫害防控挽回损失率分别为35.77%、29.64%和23.48%。据测算，安徽省3种防治类型面积所占比例分别为9.10%、40.90%和49.10%，加权平均病虫害防控植保贡献率为26.97%（表4-5）。

表4-5　2023年安徽省玉米病虫害防控植保贡献率评价试验结果

试验处理	发生程度	平均亩产（千克）	损失率（%）	挽回损失率（%）	面积占比（%）	植保贡献率（%）
严格防治区	1	704.82	—	35.77	9.10	
统防统治区	2	661.58	6.13	29.64	40.90	
农户自防区	3	618.18	12.29	23.48	49.10	26.97
不防病虫害区	4	504.77	28.38	7.39	0.90	
不防病虫草害区	5	452.71	35.77	—		

注：依据全省4个县（市、区）调查数据，按照玉米种植面积加权平均计算防控植保贡献率。

（六）陕西省试验评价结果

陕西省植保工作总站在高陵、阎良、岐山、陈仓、麟游、兴平、礼泉、临渭、蒲城、宜君、榆阳、横山、韩城13个县（市、区）开展玉米病虫害防控植保贡献率评价试验和数据采集工作。经全省数据平均，严格防治区、统防统治区、农户自防区病虫害防控挽回损失率分别为28.03%、21.81%和11.94%。据测算，陕西省3种防治类型面积所占比例分别为24.76%、37.76%和35.47%，加权平均病虫害防控植保贡献率为19.89%（表4-6）。

表4-6　2023年陕西省玉米病虫害防控植保贡献率评价试验结果

试验处理	发生程度	平均亩产（千克）	损失率（%）	挽回损失率（%）	面积占比（%）	植保贡献率（%）
严格防治区	1	777.52	—	28.03	24.76	
统防统治区	1	729.16	6.22	21.81	37.76	
农户自防区	2	652.43	16.09	11.94	35.47	19.89
不防病虫害区	—					
不防病虫草害区	3～4	559.61	28.03	—	2.01	

注：依据全省13个县（市、区）调查数据，按照玉米种植面积加权平均计算防控植保贡献率，本年度试验未设置不防病虫害区的处理。

（七）四川省试验评价结果

四川省植保站在高县、开江、南部3个县（市、区）开展玉米病虫害防控植保贡献率评价试验和数据采集工作。经全省数据平均，严格防治区、统防统治区、农户自防区病虫害防控挽回损失率分别为33.44%、30.70%和25.98%。据测算，四川省3种防治类型面积所占比例分别为7.70%、50.90%和38.00%，加权平均病虫害防控植保贡献率为28.40%（表4-7）。

表4-7　2023年四川省玉米病虫害防控植保贡献率评价试验结果

试验处理	发生程度	平均亩产（千克）	损失率（%）	挽回损失率（%）	面积占比（%）	植保贡献率（%）
严格防治区	1	498.96	—	33.44	7.70	
统防统治区	1～2	485.28	2.74	30.70	50.90	
农户自防区	2～3	461.71	7.47	25.98	38.00	28.40
不防病虫害区	3～4	430.24	13.77	19.67	1.80	
不防病虫草害区	3～5	332.10	33.44	—	1.70	

注：依据全省3个县（市、区）调查数据，按照玉米种植面积加权平均计算防控植保贡献率。

（八）全国玉米病虫害防控植保贡献率

依据河北、吉林、安徽、河南、四川、云南、陕西7个省份测定的玉米病虫害严格防治区、统防统治区、农户自防区防控挽回的产量损失率结果和各防治类型所占的面积比例，加权平均计算各省份的植保贡献率。在此基础上，依据各省份玉米面积占7个省份玉米总面积的比例，按照公式4-8加权平均计算得，2023年度全国玉米病虫草害防控植保贡献率为25.66％（表4-8）。

表4-8　2023年全国玉米病虫害防控植保贡献率评价试验结果

省份	严格防治区		统防统治区		农户自防区		植保贡献率（%）	全国植保贡献率（%）
	挽回损失率（%）	面积占比（%）	挽回损失率（%）	面积占比（%）	挽回损失率（%）	面积占比（%）		
河北	35.04	13.88	30.07	74.42	24.37	11.69	30.10	
吉林	26.96	14.27	24.18	32.76	23.13	51.64	23.87	
安徽	35.77	9.10	29.64	40.90	23.48	49.10	26.97	
河南	37.07	6.71	31.02	52.15	21.48	41.14	27.50	
四川	33.44	7.70	30.70	50.90	25.98	38.00	28.40	
云南	34.82	0.20	23.26	40.14	17.03	56.20	19.41	
陕西	28.03	24.76	21.81	37.76	11.94	35.47	19.89	
平均	33.02	—	27.24	—	21.06	—	25.16	25.66

注：因分列数据存在四舍五入，所以平均数据与计算略有偏差。

三、结论与讨论

（一）2023年参试各省玉米病虫害防控的植保贡献率

经河北、吉林、安徽、河南、四川、云南、陕西7个省份植保体系组织开展田间试验测定，在做好种传土传病虫害、苗期病虫害、生长中后期病虫害防控等环节的基础上，玉米病虫害防控的植保贡献率分别为30.10％、23.87％、26.97％、27.50％、28.40％、19.41％和19.89％，算术平均值为25.16％，比2022年提高5.8个百分点。

（二）2023年全国玉米病虫害防控的植保贡献率

河北、吉林、安徽、河南、四川、云南、陕西7个省份均为全国玉米主产省，分别代表我国北方春玉米区、黄淮夏玉米区、南方丘陵玉米区和西北玉米区，7个省份种植面积之和占全国玉米总面积的 40.65％ 左右。利用这 7 个省份玉米病虫害防控的植保贡献率加权平均计算全国玉米病虫害防控的植保贡献率为 25.66％，比 2022 年提高 6.92 个百分点。据测算，2023 年通过病虫害防控，挽回玉米产量 7 411.69 万吨（741.17 亿千克）。

（三）玉米大面积单产提升潜力明显

由表 4-8 数据分析得出：严格防控情况下，植保贡献率比农户自防高 11.96 个百分点；统防统治条件下，植保贡献率比农户自行防控高 6.18 个百分点。2023 年全国玉米病虫害统防统治覆盖率达 43.77％，同比提升 3.1 个百分点，但是离三大粮食作物统防统治覆盖率 50％ 的目标，仍有不小的差距。各省农户自防比例差异明显，云南省为 56.20％，比例最高，与比例最低的河北省相差 44.51 个百分点，其余各省的农户自防比例也在 30％～50％ 之间。从实际损失率看，在统防统治条件下有 4 个省的实际损失率超过 5％，其中云南省由于气候环境、种植模式等因素影响病虫害相对多发重发，即使在统防统治条件下，实际损失率仍达到 11.56％。如果能进一步提高严格防治和统防统治的面积占比，并且与绿色防控措施综合应用、玉米中后期"一喷多效"技术相结合，可以预见减损增产、提质增效，实现玉米大面积单产提升大有可为。

（四）植保贡献率受多种因素影响，试验测算及科学评判工作需要进一步实践检验

植保贡献率本质上是依据不同处理与空白对照的产量差异分析测算得出的数据结果，对 7 个省份不防病虫草害处理的平均单产进行分析，发现对照处理的产量高低和植保贡献率数值大小存在一定的"此消彼长"关系。例如，陕西省农业植保部门反馈，受气候等因素影响，2023 年全省玉米病虫害总体发生偏轻，完全不防治处理的产量相对较高，导致本年度所得的评价结果可能偏低。同时，各省在试验选点、试验处理小区安排等方面的差异也会影响到测算结果，将决定能否相对全面准确地反映试点的植保贡献率，进而影响省级乃至全国植保贡献率的测算。下一步，需要在试验处理、调查方法、数据分析处理方面进一步研讨交流，统一规范操作细节，连续性地开展评价工作，提高评价方法的科学性和评价结果的权威性。

完成人　朱晓明、陈立玲、范婧芳、徐永伟、罗嵘、邱坤、王亚红、喻枢伟

第五章 2023 年全国果树病虫害防控植保贡献率评价报告

为做好全国果树病虫害防控成效评价工作，客观反映病虫害防控的成效和植保贡献率，2023 年全国农业技术推广服务中心认真安排部署，1 月初就制定印发了《农作物病虫害防控植保贡献率评价办法》（农技植保〔2023〕1 号），组织湖南、福建、陕西、山西、辽宁等 5 个省 15 个县（市、区）植保机构，以苹果、柑橘 2 个南、北方代表性果树种类为主要对象，兼顾梨、桃等常见果树种类，科学选点，设置不同防治处理，系统开展田间对比试验和调查抽样，取得了多省份、多县（市、区）、多点测试数据。经系统测算，2023 年全国果树病虫害防控植保贡献率为 42.04％，其中柑橘为 43.05％，苹果为 41.03％。

一、评价方法

（一）评价作物与地点

按照全国农业技术推广服务中心制定的《农作物病虫害防控植保贡献率评价办法》，湖南、福建、陕西、山西、辽宁等 5 个省 15 个县（市、区）开展了果树病虫害防控植保贡献率评价试验工作，其中开展柑橘类病虫害防控植保贡献率评价田间试验的县有 6 个，分别是湖南省慈利县（蜜橘）、临澧县（脐橙）、新宁县（脐橙），福建省顺昌县（椪柑）、霞浦县（椪柑）、仙游县（椪柑）；开展苹果病虫害防控植保贡献率评价田间试验的县（市、区）有 7 个，分别是陕西省洛川县、白水县、黄龙县，山西省临猗县、吉县、阳泉市郊区，辽宁省大连市普兰店区；开展梨树病虫害防控植保贡献率评价田间试验的试验点为山西省原平市，开展桃树病虫害防控植保贡献率评价田间试验的试验点为山西省万荣县。

（二）田间试验设置

根据当前全国果树生产和病虫害防治情况，评价试验田间设置病虫害严格防治区、统防统治区、农户自防区和完全不防治区 4 个处理。

（1）严格防治区即绿色防控集成技术示范区，全程按植保部门绿色防控技术方案进行防治，本试验设定其产量按理论产量计。

（2）统防统治区指统一实施防治病虫害的果园，由植保部门多年联系指导，防治水平较高，包括示范园区、果业合作社、种植大户，拥有种植能手、农民测报员等，其果园有一定规模，管理水平较高。

（3）农户自防区指管理水平中等的普通果园，按照果农常规防治习惯进行病虫害防治。

（4）完全不防治区指南方柑橘类设置完全不防治病虫害和完全不防治病虫草害2个对照处理，北方果树（苹果、梨、桃）只设置完全不防治病虫害处理。完全不防治区除不防治病虫害外，其他管理措施同严格防治区，最好选择附近当年放弃管理的果园作对照，或者在严格防治区的基地周边果园留出一行果树或每隔几行留几株树作为测产对照，但一般这样的对照其危害损失较轻，难以完全反映病虫害的严重程度。

（三）调查统计方法

（1）产量效益调查方法。果实采收前，对各处理区分别进行测产。每个处理区选择5株树，果实采收前1天，实测每株树的产量，分拣出商品果和残次果，称重计产，计算商品果率，并根据平均株产量×亩株数计算亩产量。同时，再根据评价试验果园果品全部采收后的整体产量和商品果率校正试验数据。统防统治区和农户自防区的商品果率、亩产量以各自区域评价果园的平均值为准。

（2）调查明确不同防治类型的面积与占比。按照严格防治区、统防统治区、农户自防区为基本代表类型分类调查，统计全县或全市范围内相应的类型面积及其占总种植面积的比例，为加权平均测算危害损失率和植保贡献率做好准备。

（3）实际损失率和植保贡献率测算。本评价试验设定，严格防治情况下病虫草害造成的损失最轻，按理论产量计；完全不防治情况下，病虫草害造成的损失最大；不同防控力度下造成的危害损失居于中间。通过测算病虫（草）害造成的最大损失率和不同防治力度的实际损失率，进而确定病虫（草）害不同发生程度下防控的植保贡献率。基于单位面积商品果产量，计算不同防治水平的实际损失率和植保贡献率（挽回损失率），其计算方法见公式5-1至公式5-5：

$$商品果单产＝单位面积产量×商品果率 \qquad (5-1)$$

$$实际损失率＝\frac{（严格防治区商品果单产－不同防治处理区商品果单产）}{严格防治区商品果单产}×100\% \qquad (5-2)$$

$$植保贡献率 = \frac{（不同防治处理区商品果单产－完全不防治区商品果单产）}{严格防治区商品果单产} \times 100\% \quad （5-3）$$

$$\begin{array}{l}省（县）域植 \\ 保贡献率\end{array} = \sum\left(\begin{array}{l}不同防治处理区 \\ 植保贡献率\end{array} \times \begin{array}{l}不同防治处理区面积占 \\ 总种植面积的比例\end{array}\right) \times 100\% \quad （5-4）$$

$$全国果树植保贡献率 = \frac{（柑橘植保贡献率＋苹果植保贡献率）}{2} \times 100\% \quad （5-5）$$

二、评价结果

（一）参试评价试验点不同处理代表区的果品产量

从全国果树病虫害防治效果来看，各省评价试验田的各处理中，严格防治区和统防统治区的病虫防效、果品产量和商品果率均好于农户自防区，严格综防区和统防统治区主要病虫害防治后发生程度一般为轻发生或偏轻发生（1～2 级），农户自防区为偏轻至中等发生（2～3 级），而空白对照区病虫害发生程度为 4～5 级。各参试评价县不同防控类型区每亩商品果产量见表 5-1，基于各参试评价试验点的商品果产量，进一步测算柑橘、苹果、梨、桃病虫害防控的植保贡献率。

表 5-1　各参试评价县果树不同防控类型区商品果平均亩产

单位：千克

果树种类	参试县（市、区）	严格防治区	统防统治区	农户自防区	空白对照区
柑橘	湖南慈利	4 173.3	3 890.2	3 107.6	2 497.6
	湖南临澧	1 620.0	1 530.0	1 446.0	998.0
	湖南新宁	2 432.5	2 174.0	1 807.0	1 475.0
	福建顺昌	2 687.5	2 420.0	2 175	1 275.0
	福建霞浦	5 165.1	4 260.8	1 073.3	16.2
	福建仙游	3 487.3	3 117.5	2 934.0	467.3
苹果	陕西洛川	1 982.7	1 804.3	1 672.1	1 096.3
	陕西白水	3 780.6	2 847.9	2 590.7	2 188.7
	陕西黄龙	2 240.0	2 028.0	1 750.0	680.0
	山西临猗	2 608.3	2 426.7	2 213.7	1 263.3

（续）

果树种类	参试县（市、区）	严格防治区	统防统治区	农户自防区	空白对照区
苹果	山西吉县	2 720.0	2 185.0	2 164.0	1 320.0
	山西阳泉市郊区	2 000.0	1 880.0	1 560.0	960.0
	辽宁普兰店	4 246.0	3 620.0	3 125.0	0
梨	山西原平	1 385.0	1 317.0	1 210.0	843.0
桃	山西万荣	2 153.3	2 001.7	1 793.7	1 099.0

（二）柑橘病虫害防控植保贡献率

依据湖南、福建2个省6个县（市、区）植保机构田间评价试验和抽样数据，在做好栽培管理的基础上，2023年全国柑橘病虫害防控平均植保贡献率为43.05%（表5－2）。其中，严格防治区、统防统治区和农户自防区的平均植保贡献率分别为58.59%、48.42%和29.24%，严格防治区、统防统治区较农户自防区的植保贡献率分别高29.35个百分点和19.18个百分点。

表5－2　2023年全国柑橘病虫害防控植保贡献率评价试验结果

参试县（市、区）	严格防治区		统防统治区		农户自防区		植保贡献率（%）
	挽回损失率（%）	面积占比（%）	挽回损失率（%）	面积占比（%）	挽回损失率（%）	面积占比（%）	
湖南慈利	40.15	4.55	33.37	44.81	14.62	50.65	24.19
湖南临澧	38.40	17.50	32.84	39.00	27.65	43.50	31.56
湖南新宁	40.58	21.40	29.95	26.50	14.87	52.10	24.37
福建顺昌	46.14	20.00	36.19	30.00	27.07	50.00	33.62
福建仙游	86.60	20.00	76.00	36.00	70.74	44.00	79.62
福建霞浦	99.69	25.00	82.18	40.00	20.47	35.00	64.96
平均	58.59	—	48.42		29.24	—	43.05

（三）苹果病虫害防控植保贡献率

依据陕西、山西、辽宁3个省7个县（市、区）苹果植保贡献率数据汇总分析，在做好栽培管理基础上，2023年全国苹果病虫害防控的植保贡献率为41.03%。其中，严格防治区、统防统治区和农户自防区的平均植保贡献率分别为58.78%、45.86%和36.93%，科学防治区和统防统治区较农户自防区的植保贡献率分别高出近 22 个百分点和 9 个百分点。2023 年全国苹果病虫害防控植保贡献率较 2022 年提高 5.46 个百分点，分析认为这主要与各评价试验县严格防治区与统防统治区的占比有一定程度提高有关（表 5-3）。

表 5-3　2023 年全国苹果病虫害防控植保贡献率评价结果

参试县（市、区）	严格防治区		统防统治区		农户自防区		植保贡献率（%）
	挽回损失率（%）	面积占比（%）	挽回损失率（%）	面积占比（%）	挽回损失率（%）	面积占比（%）	
陕西洛川	44.71	3.70	35.71	24.20	29.04	72.10	31.23
陕西白水	42.11	14.75	17.44	37.70	10.63	46.89	17.77
陕西黄龙	69.60	6.80	60.20	38.00	47.80	55.00	53.90
山西临猗	51.57	16.21	44.60	27.71	36.43	56.08	41.15
山西吉县	51.47	3.98	31.80	30.05	31.03	65.97	32.07
山西阳泉	52.00	6.70	46.00	30.00	30.00	63.30	36.27
辽宁普兰店	100.00	0	85.26	10.50	73.60	89.50	74.82
平均	58.78	—	45.86	—	36.93	—	41.03

（四）梨病虫害防控植保贡献率

山西省忻州市原平市的 3 个试验点的评价试验结果表明，严格防治区、统防统治区、农户自防区病虫害防控植保贡献率分别为 39.13%、34.22%、26.50%。据调查，3 种防治类型所占比例分别为 0.61%、33.61%、65.78%，加权平均后，县域病虫害防控植保贡献率为 29.17%（表 5-4）。

表 5-4　2023 年梨病虫害防控植保贡献率评价试验结果

（山西　原平）

试验处理	发生程度	平均亩产（千克）	实际损失率（%）	挽回损失率（%）	面积占比（%）	植保贡献率（%）
严格防治区	1	1 385	—	39.13	0.61	
统防统治区	2~3	1 317	4.91	34.22	33.61	29.17
农户自防区	4~5	1 210	12.64	26.50	65.78	
完全不防治区	5	843	39.13	—	—	

（五）桃病虫害防控植保贡献率

山西省运城市万荣县的3个试验点评价试验结果表明，严格防治区、统防统治区、农户自防区病虫害防控植保贡献率分别为48.96%、41.92%、32.26%。据调查，3种防治类型面积所占比例分别为12.40%、24.60%、62.40%，加权平均后，县域病虫害防控植保贡献率为36.51%（表5-5）。

表5-5　2023年桃病虫害防控植保贡献率评价试验结果

（山西　万荣）

试验处理	发生程度	平均亩产（千克）	实际损失率（%）	挽回损失率（%）	面积占比（%）	植保贡献率（%）
严格防治区	1	2 153.33	—	48.96	12.40	
统防统治区	2~3	2 001.66	7.04	41.92	24.60	36.51
农户自防区	4~5	1 793.66	16.70	32.26	62.40	
完全不防治区	5	1 099.00	48.96	—	0.60	

（六）全国主要果树病虫害防控植保贡献率

依据湖南、福建、陕西、山西和辽宁5个省13个县（市、区）测定的柑橘类（蜜橘、脐橙）、苹果病虫害防控植保贡献率评价试验数据，利用柑橘类和苹果病虫害防控植保贡献率平均数，计算全国果树病虫害防控植保贡献率平均为42.04%，其中柑橘为43.05%、苹果41.03%。另外，经山西省原平市和万荣县测定，梨的植保贡献率为29.17%，桃的植保贡献率为36.51%。

三、结论与讨论

（一）果树病虫害防控植保贡献率显著

经综合试验评估，全国主要果树病虫害防控植保贡献率为42.04%，其中柑橘病虫害防控的植保贡献率为43.05%，苹果病虫害防控的植保贡献率为41.03%。全国总体平均，各类果树作物病虫害防控类别严格防治区、统防统治区、农户自防区病虫害防控的植保贡献率分别为56.74%、45.85%和32.85%，严格防治区和统防统治区分别较农户自防区高出近24个百分点和13个百分点。

（二）不同品种、不同区域间植保贡献率差异较大

因不同果树品种生物学特性、同一果树不同区域生态环境条件和病虫害发生种类及发生程度不同，区域间病虫害防控的植保贡献率差异较大。如湖南省柑橘（蜜橘和脐橙）病虫草害防控植保贡献率为24.60%，而福建为59.40%，是湖南的2倍多；苹果植保贡献率同属黄土高原区的陕西和山西分别为34.30%和36.50%，而渤海湾产区的辽宁苹果植保贡献率则高达74.82%。分析其原因可能与病虫害发生程度关系较大，陕西和山西试验点均为套袋栽培，苹果树腐烂病、褐斑病、白粉病、蚜虫、叶螨、金纹细蛾等主要病虫多为偏轻至中度发生；辽宁普兰店试验果园处于特殊的海洋性气候条件，在免套袋不防治的情况下，早期落叶病、苹果轮纹病、煤污病、炭疽叶枯病和食心虫等病虫害偏重发生，后期病虫果率近100%，基本无商品果产量。同样在免套袋不防治情况下，陕西黄龙县早期落叶病、轮纹病和食心虫等病虫害发生较重，后期病虫果率高达70%以上，说明病虫害重发条件下，做好防控工作极为重要。

（三）果树病虫害防控植保贡献率还有较大潜力

从不同防控处理区的全国平均植保贡献率来看，严格防治区和统防统治区均高出农户自防区20个百分点和10个百分点，各省份不同果树的植保贡献率趋势也是一致的。如2023年陕西全省苹果植保贡献率达34.30%，较2022年的27.50%提高了6.8个百分点。分析其原因，主要是严格防治区和统防统治区两种防治类型占比之和较2022年提高了11个百分点，说明加强果业示范园区、果业合作社、种植大户等新型经营主体的示范带动作用，能进一步提高果树病虫害防控的植保贡献率。

完成人　王亚红、刘万才、刘慧、郑卫锋、朱秀秀、林锌、张丹

第六章　2023 年全国蔬菜病虫害防控植保贡献率评价报告

　　我国是世界蔬菜种植和消费第一大国，2022 年，我国蔬菜种植面积达 2 243.41 万公顷，在种植业中种植面积仅次于粮食作物，约占农作物总种植面积的 13.2%。习近平总书记指出：在确保粮食供给的同时，保障肉类、蔬菜、水果、水产品等各类食物有效供给，缺了哪样也不行。蔬菜作为主要的菜篮子产品，其产业是我国种植业中仅次于粮食的第二大产业。在很多地区，蔬菜产业是重点发展的特色产业，也是部分地区巩固拓展脱贫攻坚成果、推进乡村振兴的特色优势产业。但是蔬菜生产中病虫害种类繁多。据报道，我国为害蔬菜的蓟马有 3 科 18 属 48 种。北京市蔬菜病虫害累计发生种类约 1 620 种，常年发生种类约 300 种，需要进行防治的种类 30～50 种；吉林中部地区十字花科蔬菜主要害虫有 2 纲 6 目 14 科 26 种；湖北长阳高山十字花科蔬菜害虫涉及 2 纲 7 目 28 科 54 种，严重发生的有 16 种。病虫危害不仅造成蔬菜产量损失，还影响蔬菜品质。番茄潜叶蛾在严重发生地块能造成番茄减产 80%～100%。豇豆蓟马能在整个豇豆生育期为害，严重影响豇豆产量和品质，产量损失高达 70%。在重庆，在完全不防治病虫害的情况下，常规种植辣椒产量损失高达 53.13%，常规种植番茄损失率高达 85.83%，常规种植茄子损失率为 34.38%。北京市调查，如不采取有效的病虫害防治措施，每年将有逾 20 万吨农产品产量损失。

　　近年来，农业农村部高度重视蔬菜病虫害防控工作，每年制定"虫口夺粮"保丰收行动方案，部署开展蔬菜病虫害防控工作，要求各地因地制宜集成推广绿色防控、农药减量技术模式，切实做好蔬菜病虫害防控工作。全国农业技术推广服务中心每年分类别分病虫制定印发蔬菜病虫害绿色防控技术方案，加强防控技术指导。全国各级植保机构切实采取措施，通过开展技术指导、培训观摩、集成示范等方式推广蔬菜病虫害绿色防控技术措施，有力保障了蔬菜生产安全。为科学评估蔬菜病虫害防控的成效，全国农业技术推广服务中心 2023 年组织北京、江苏、山东和广东等 4 省（自治区、直辖市）植保体系开展蔬菜病虫害防控植保贡献率评价工作，经加权计算，2023 年度全国蔬菜病虫害防控植保贡献率为 35.71%。

一、评价方法

（一）评价作物与地点

按照全国农业技术推广服务中心制定的《农作物病虫害防控植保贡献率评价办法》，北京、江苏、山东和广东等 4 省（自治区、直辖市）开展了蔬菜植保贡献率评价试验。其中，北京市在 13 个区蔬菜种植基地和农户分别设点，以设施番茄、设施黄瓜和露地生菜为代表作物；山东省在昌乐、鱼台、临邑等 6 个县（市、区）开展试验，选择甘蓝、大蒜、番茄、黄瓜、花椰菜、马铃薯为代表作物；江苏省在苏州常熟和盐城响水 2 个青花菜主产区开展试验，以秋茬青花菜为代表作物；广东在新兴县开展评价试验，以花椰菜为试验评价作物（表 6-1）。试验地点均具有地区代表性，试验评价作物均为当地主栽品种，种植规模较大，是当地重要产业之一。

表 6-1　2023 年蔬菜病虫害防控植保贡献率承担地点和评价作物

省份	县（市、区）名称	作物
北京	—	设施番茄
		设施黄瓜
		露地生菜
江苏	常熟	秋茬青花菜
	响水	秋茬青花菜
山东	昌乐	甘蓝
	鱼台	大蒜
	临邑	番茄
	沂南	黄瓜
	肥城	花椰菜
	滕州	马铃薯
广东	新兴	花椰菜

（二）田间试验设置

各地根据蔬菜生产和病虫害防治实际情况，设置试验评价类型，总的来看，都包括严格防治或绿色防治区、农户自防区和完全不防治区 3 种处理。

北京市设置绿色防治区、农户自防区和完全不防治区 3 个处理；江苏省设置了严格防治区、农户自防区和完全不防治区 3 个处理；山东省设置严格防治区、统防统治区、农户自防区和完全不防治区 4 个处理；广东省设置了严格防治区、统防统治区、农户自防区和完全不防治区 4 个处理。

在严格防治或绿色防治区，综合运用水培育苗、生态调控、农业防治、理化诱控、性信息素诱控及科学用药等绿色防控技术措施进行病虫害防控，其产量设为理论产量。

在统防统治区，由社会化服务组织根据病虫情况进行统一管理和统一病虫防控。

在农户自防区，按农户生产习惯和用药习惯进行管理。

在完全不防治区，整个生长季不做任何病虫草害防治处理，在设施中还包括不铺地膜等，其他水肥农事正常管理。

（三）数据调查与测算

（1）病虫害发生情况调查。在病虫害发生高峰期（稳定期）开展病虫害调查，记录不同处理的病虫害种类和发生程度。

（2）各处理类型占比调查统计。北京市主要以绿色防治区、农户自防区为代表类型，江苏省主要以严格防治区和农户自防治区 2 个防治区为代表类型，山东省按照当地实际情况分作物统计各种防控类型，广东以各试验处理区实际面积为基础，分别统计其面积占比。

（3）危害损失率。在蔬菜收获时，通过实收实打或抽样调查的方法测量不同防治水平的产量，判断不同防治情况下病虫害造成的损失和防治挽回的损失。以病虫害不同防治处理下的蔬菜实际产量或理论产量数据为基础，计算蔬菜生产中病虫危害的最大损失率和不同病虫害发生程度的实际损失率，为测算防控植保贡献率收集基础数据。

$$最大损失率=\frac{（严格防治处理单产－完全不防治处理单产）}{严格防治处理单产}\times100\% \quad (6-1)$$

$$不同防治类型实际损失率=\frac{（严格防治处理单产－不同防治处理单产）}{严格防治处理单产}\times100\% \quad (6-2)$$

$$挽回损失率=\frac{（不同防治处理单产－完全不防治处理单产）}{严格防治处理单产}\times100\% \quad (6-3)$$

（4）植保贡献率计算。本评价试验设定，严格防治区或绿色防治区按理论产量计，完全不防治情况下蔬菜损失最大，其他不同防控力度下造成的危害损失居于中间。完全不防治情况下的产量损失率（最大损失率）减去不同防控条件下的产量损失率，即为不同防控处理植保贡献率，其计算方法见公式6-4。

$$植保贡献率（\%）=完全不防治处理产量损失率-实际防治处理产量损失率 \quad (6-4)$$

$$县域植保贡献率=\sum\left[\frac{\left(\begin{array}{c}不同防治力\\度处理单产\end{array}-\begin{array}{c}完全不防治\\处理单产\end{array}\right)}{\begin{array}{c}严格防治\\处理单产\end{array}}\times\begin{array}{c}不同发生\\程度面积\\占种植面\\积的比例\end{array}\right]\times100\% \quad (6-5)$$

$$省域植保贡献率=\sum\left[\frac{\left(\begin{array}{c}各试点不同防治力\\度处理平均单产\end{array}-\begin{array}{c}完全不防治处\\理平均单产\end{array}\right)}{\begin{array}{c}严格防治处\\理平均单产\end{array}}\times\begin{array}{c}不同发生\\程度面积\\占种植面\\积的比例\end{array}\right]\times100\% \quad (6-6)$$

$$全国植保贡献率=\sum\left(\begin{array}{c}省域植保\\贡献率\end{array}\times\begin{array}{c}该省种植面积占统\\计总种植面积的比例\end{array}\right)\times100\% \quad (6-7)$$

二、评价结果

（一）北京市试验评价结果

北京市植物保护站在全市13个区的蔬菜种植基地和农户设置调查点开展蔬菜病虫害防控植保贡献率评价试验和数据采集工作。经调查并测算设施黄瓜、设施番茄、露地生菜的病虫害防控植保贡献率的基础上，根据3种作物的种植面积，加权平均计算得出全市蔬菜植保贡献率达31.49%（表6-2）。

表6-2　北京市蔬菜病虫害防控植保贡献率评价结果

调查类型	平均亩产（千克）	挽回损失率（%）	损失率（%）	代表面积（万亩）	面积占比（%）	植保贡献率（%）	平均植保贡献率（%）
绿色防治	6 602.74	35.85	—	0.93	67.55	35.85	
农户自防	5 717.09	22.43	13.41	0.45	32.45	22.43	31.49
完全不防治	4 235.85	—	35.85	—	—	—	

（二）江苏省试验评价结果

江苏省植物保护植物检疫站在苏州常熟和盐城响水两地开展秋茬青花菜病虫害防控植保贡献率评价工作。江苏省蔬菜病虫害严格防治、农户自防两种防治类型所占比例分别为29.7％和70.30％，加权平均病虫害防控植保贡献率为20.28％（表6-3）。

表6-3　江苏省蔬菜病虫草害防控植保贡献率评价试验结果

试验处理	平均亩产（千克）	挽回损失率（％）	损失率（％）	植保贡献率（％）	面积占比（％）	平均植保贡献率（％）
严格防治	1 333.79	22.55	—	22.55	29.70	
农户自防	1 290.78	19.33	3.22	19.33	70.30	20.28
完全不防治	1 033.01	—	22.55	—	—	

（三）山东省试验评价结果

山东省农业技术推广中心组织昌乐、鱼台、临邑、沂南、肥城和滕州6个县（市、区）开展蔬菜病虫害防控植保贡献率评价试验和数据采集工作。山东省蔬菜病虫害严格防治、统防统治、农户自防、完全不防治4种防治类型所占比例分别为17.74％、31.62％、49.13％和1.51％，加权平均病虫害防控植保贡献率为50.89％（表6-4）。

表6-4　山东省蔬菜病虫草害防控植保贡献率评价试验结果

试验处理	平均亩产（千克）	挽回损失率（％）	损失率（％）	代表面积（万亩）	面积占比（％）	植保贡献率（％）	平均植保贡献率（％）
严格防治	7 550.72	73.62	—	262	17.74	73.62	
统防统治	4 286.8	30.39	43.23	467	31.62	30.39	50.89
农户自防	6 328.72	57.44	16.18	725.65	49.13	57.44	
完全不防治	1 991.85	—	73.62	22.3	1.51	—	

（四）广东省试验评价结果

广东省农业有害生物预警防控中心在云浮市新兴县开展蔬菜病虫害防控植保贡献率评价试验和数据采集工作。广东省2023年结球甘蓝严格防治、统防统治、农户自防、完全不防治4种防治类型所占比例分别为7.78％、18.98％、73.17％和0.06％，加权平均病虫害防控植保贡献率为39.24％（表6-5）。

表 6 – 5　广东省蔬菜病虫害防控植保贡献率评价试验结果

试验处理	平均亩产（千克）	挽回损失率（%）	损失率（%）	代表面积（万亩）	面积占比（%）	植保贡献率（%）	平均植保贡献率（%）
严格防治	3 370	47.72	—	2.45	7.78	47.72	
统防统治	3 108	39.94	7.77	5.98	18.98	39.94	39.24
农户自防	3 049	38.19	9.53	23.05	73.17	38.19	
完全不防治	1 762	—	47.72	0.02	0.06	—	

（五）全国蔬菜病虫害防控植保贡献率

　　北京市蔬菜种植面积约为 79.5 万亩，江苏省蔬菜种植面积约为 2 200 万亩，山东省蔬菜种植面积约为 2 250 万亩，广东省 2023 年结球甘蓝种植面积约为 31.5 万亩。依据北京、山东、广东和江苏 4 个省份测定的蔬菜病虫草害防控植保贡献率，按照各省蔬菜面积占 4 个省份蔬菜总面积的比例，加权平均计算得，2023 年度全国蔬菜病虫害防控植保贡献率为 35.71%（表 6 – 6）。

表 6 – 6　2023 年全国蔬菜病虫害防控植保贡献率评价试验结果

省份	严格（绿色）防治区		统防统治区		农户自防区		植保贡献率（%）	全国植保贡献率（%）
	挽回损失率（%）	面积占比（%）	挽回损失率（%）	面积占比（%）	挽回损失率（%）	面积占比（%）		
北京	35.85	67.55	—	—	22.43	32.45	31.49	
江苏	22.55	29.70	—	—	19.33	70.30	20.28	35.71
山东	73.62	17.74	30.39	31.62	57.44	49.13	50.89	
广东	47.72	7.78	39.94	18.98	38.19	73.17	39.24	

三、结论与讨论

（一）结论

　　（1）2023年全国蔬菜病虫害防控成效显著。以北京、江苏、山东、广东 4 个省份蔬菜病虫害防控植保贡献率为基础，加权计算全国蔬菜病虫害防控植保贡献率为 35.71%。2023 年，我国蔬菜产量为 82 868.11 万吨，据此计算，共挽回蔬菜 29 589.42 万吨。

　　（2）不同种类、不同区域蔬菜病虫害防控植保贡献率不同。经北京、江苏、山东、广东4个省份植保体系组织开展田间试验测定，在做好水肥等栽培管理的基础上，北京、江苏、山东和广东4个省份蔬菜病虫害防控植保贡献率分别为31.49%、20.28%、50.89%和39.24%。

（3）不同地区病虫危害损失率不同。 在完全不防病虫草害的情况下，江苏秋茬青花菜的危害损失率为22.55%，山东为73.62%，广东为47.72%，表明不同地区病虫发生情况不同，造成的危害损失也不同。2023年秋季，江苏青花菜病虫害尤其是病害发生程度偏轻，处理区与对照区差异不显著，因此，损失率最低。

（二）讨论

（1）蔬菜植保贡献率评价方法有待进一步完善。 由于地理环境和气候条件的差异，各省份种植的蔬菜种类有所不同，此次评价试验选择北京、江苏、山东和广东4个省份，这4个省份是我国重要的蔬菜生产省份，具有一定的区域代表性，4个省份平均植保贡献率为35.48%，与全国植保贡献率35.71%差异不大。但是，蔬菜种类繁多，有茄果类、瓜类、豆类、白菜甘蓝类、直根类、葱蒜类、绿叶类、薯芋类、水生类等，仅福建省"十三五"期间通过省品种认定（登记）或国家品种登记的有200多个品种。蔬菜类型丰富，有设施栽培、露地栽培、地膜覆盖、无土栽培等；在种植方式上，有直播栽培、育苗移栽、分株繁殖、扦插繁殖等。即使在同一区域，不同种类蔬菜、不同栽培模式下，病虫害种类和危害也不完全相同。即使同一种蔬菜，由于栽培季节不同，病虫发生和危害情况也不一样。由于不同时空，病虫害发生不同，因此，不同区域不同季节，各种蔬菜病虫害防控的损失率和挽回损失率存在差异。如以某一种蔬菜或以当年某一茬蔬菜为主计算植保贡献率的时候，不能全面地体现当年蔬菜病虫害防控的植保贡献率。此次评价试验中，江苏和广东针对单一品种蔬菜开展试验，且试验结果仅针对当季，不代表全年。北京和山东选择了当地主要几类品种开展评价，但是代表仍有一定局限性。此外，尽管设置了以完全不防治病虫草害处理作为空白对照，但由于蔬菜经济价值高，因此，空白对照处理区面积均较小，对实际损失率的评估也有一定的影响。如何给各个种类、各茬口及各区域蔬菜病虫害危害损失加权赋值，从而更加全面、科学评估全国蔬菜病虫害防控的植保贡献率，需要进一步讨论完善。

（2）蔬菜病虫害防控技术仍需进一步加强。 在严格防治或绿色防治情况下，北京、江苏、山东和广东4个省份，挽回损失分别比农户自防高出13.42个、3.22个、16.18个和9.53个百分点，充分表明采取科学的病虫害防控工作，能有效挽回损失，保障我国"菜篮子"稳产保供，增加农民收入。从表6-6可以看出，除北京以外，其余各地蔬菜病虫害防控仍以农户自防为主。据报道，江西、福建等地蔬菜种植主体目前主要以普通小户种植为主，缺乏专业化、标准化、规模化、集约化经营主体。因此，各地要通过多种途径加强对普通小户蔬菜病虫害发生规律知识和防控技术的宣传培训，千方百计提高农户防控技术水平，助力蔬菜产业绿色高质量发展。

（3）**充分开展蔬菜病虫害防控效益分析**。蔬菜是农业生产的重要组成部分，是保障城市"菜篮子"以及生态调节的必要手段。蔬菜病虫害防控水平不仅关系到蔬菜的产量，还影响蔬菜品质。如蔬菜蓟马是豇豆上的主要害虫，是困扰豇豆产业发展的重要因素，也是农药残留问题的重要诱因之一。对病虫害开展科学防控和绿色防控，不仅控制病虫害危害损失，保障农产品质量安全，还能有效提高农产品市场竞争力，助力蔬菜产业可持续发展。因此，开展蔬菜病虫害防控工作，尤其是对大宗蔬菜、地方特色品种以及区域品牌蔬菜开展病虫害防控工作，不仅从产量上评估植保贡献率，还应从经济、生态效益等方面进行评价，充分挖掘病虫害防控在保障"菜篮子"安全、助力蔬菜产业发展及农民增产增收等方面的作用。

完成人　刘慧、郭永旺、孙作文、李萍、王帅宇、褚姝频、王琳、张小利